智能科学与技术丛书

Cognitive Approach to Natural Language Processing

自然语言处理的认知方法

[英] 伯纳黛特·夏普（Bernadette Sharp）
[法] 弗洛伦斯·赛德斯（Florence Sèdes） ◎ 编著
[波兰] 维斯拉夫·卢巴泽斯基（Wiesław Lubaszewski）

徐金安 ◎ 等译

U0317241

机械工业出版社
China Machine Press

图书在版编目（CIP）数据

自然语言处理的认知方法 /（英）伯纳黛特·夏普（Bernadette Sharp）等编著；徐金安等译 . —北京：机械工业出版社，2019.8
（智能科学与技术丛书）
书名原文：Cognitive Approach to Natural Language Processing

ISBN 978-7-111-63199-6

Ⅰ. 自⋯　Ⅱ. ①伯⋯　②徐⋯　Ⅲ. 自然语言处理 – 研究　Ⅳ. TP391

中国版本图书馆 CIP 数据核字（2019）第 139730 号

本书版权登记号：图字　01-2019-0745

注意

　　本书涉及领域的知识和实践标准在不断变化。新的研究和经验拓展我们的理解，因此须对研究方法、专业实践或医疗方法作出调整。从业者和研究人员必须始终依靠自身经验和知识来评估和使用本书中提到的所有信息、方法、化合物或本书中描述的实验。在使用这些信息或方法时，他们应注意自身和他人的安全，包括注意他们负有专业责任的当事人的安全。在法律允许的最大范围内，爱思唯尔、译文的原文作者、原文编辑及原文内容提供者均不对因产品责任、疏忽或其他人身或财产伤害及 / 或损失承担责任，亦不对由于使用或操作文中提到的方法、产品、说明或思想而导致的人身或财产伤害及 / 或损失承担责任。

出版发行：机械工业出版社（北京市西城区百万庄大街 22 号　邮政编码：100037）
责任编辑：佘　洁　　　　　　　　　　　　责任校对：李秋荣
印　　刷：大厂回族自治县益利印刷有限公司　　版　　次：2019 年 8 月第 1 版第 1 次印刷
开　　本：185mm×260mm　1/16　　　　　　印　　张：14
书　　号：ISBN 978-7-111-63199-6　　　　　定　　价：99.00 元

客服电话：（010）88361066　88379833　68326294　　　投稿热线：（010）88379604
华章网站：www.hzbook.com　　　　　　　　　　　　　读者信箱：hzjsj@hzbook.com

版权所有·侵权必究
封底无防伪标均为盗版
本书法律顾问：北京大成律师事务所　韩光 / 邹晓东

近年来，自然语言处理蓬勃发展，即将迎来黄金十年，进一步推动人工智能的整体进步。自然语言处理是一个多边沿的交叉学科，涉及语言学、计算机科学、数学、心理学、认知科学等。自然语言处理通常包括形式化描述、数学建模、编程实践和实验验证改良等过程。在使用计算机对自然语言处理模型进行建模的过程中，需要各种层面的知识。冯志伟教授把这些知识归纳总结为 9 个层面，涉及声学和韵律学、音位学、形态学、词汇学、句法学、语义学、话语分析、语用学及外部世界常识性知识等。自然语言处理的具体任务不同，所涉及层面的知识也不相同。

近年来自然语言处理在深度学习的推动下，在诸如神经机器翻译、智能人机交互、机器阅读理解和机器创作等领域都取得了很大进步。当前，自然语言处理关注的研究热点包括预训练神经网络、多任务学习、迁移学习、知识和常识的融合、低资源的自然语言处理任务、多模态学习等。

目前，人工智能正在经历从感知智能向认知智能的发展，其中，自然语言处理日益重要。如何把人类认知和自然语言处理相互融合，推动人工智能的进步和发展，是目前的研究热点、难点和焦点。

本书旨在探讨自然语言处理与认知科学之间的关系，分别从延迟解释及浅层处理和构式、自由词关联测试、单词关联、人类语言生成的关联控制、反向关联任务、隐藏结构及词典功能、词义消歧、连贯文本写作、虚词的序贯规则和词性标签、基频检测和语言模型等方面，阐述了新的研究成果，旨在进一步丰富自然语言处理相关理论，推动人工智能的技术进步。

本书的特色在于体现了自然语言处理研究的交叉性跨学科的特点，从认知科学和自然语言处理的单词、语言模型、语义消歧、文本生成等层面和视角阐述了自然语言的产生、识别、加工和理解过程，提供了一些宝贵的经验、算法和研究成果，证明了认知科学和自然语言处理相结合的重要性。

我们坚信，按照自然语言处理所涉及的 9 个层面的知识，开展认知科学和自然语言处理研究，能够不断推进人工智能的发展和进步。

本书由北京交通大学计算机与信息技术学院计算机科学与技术系徐金安教授组织翻译。译者长期从事自然语言处理和机器翻译研究领域的教学和科研工作，对自然语言处理领域的问题有一定深度的理解。参与的译者也都是徐金安带领的自然语言处理研究组的成员，在该领域有一定的研究基础和经历。在此，感谢吴都、张颖、朱庆、雷孝钧、杨晗、郭星星、黄辉、张琳琇、郭梦霏、于鹏所做的工作。

由于译者水平有限，加之翻译时间仓促，译文中难免存在错误，欢迎读者批评指正，以便于将来修正。译者的邮箱地址是：jaxu@bjtu.edu.cn。

本书是一本论文专辑，致力于探索自然语言处理和认知科学之间的关系，以及计算机科学对于这两个领域的贡献。根据 Poibeau 和 Vasishth[POI 16] 所述，对认知问题的研究兴趣可能较少受到关注。因为在认知科学领域，研究者往往无力应对自然语言处理技术的复杂性；同样，自然语言处理的研究者也没有认识到认知科学对于他们工作的贡献。我们相信，2004 年启动的自然语言处理和认知科学国际研讨会（NLPCS）提供了一个强大的平台，支持新的研究课题的多样性，并且能帮助研究者建立共识。与此同时，这个平台还认可跨学科方法的重要性，并将计算机科学家、认知学和语言学的研究者聚集到一起来推动自然语言处理研究。

本书包含 10 章，都是由自然语言处理和认知科学国际研讨会的研究者完成的。

在第 1 章，Philippe Blache 阐述了理解语言的过程在理论上是非常复杂的，该过程必须实时进行，且需要许多不同来源的信息。他认为对于一个语言输入的整体解释应该建立在基于块的基本单元的分组之上，而这些单元构成了"尽可能解释"原则的支柱，该原则负责推迟理解过程，直到有足够的信息可用。

接下来的两章讨论人类关联问题。在第 2 章，Korzycki、Gatkowska 和 Lubaszewski 讨论了一个有 900 个学生参与的自由词关联测试。他们利用三个算法从文本中提取出关联列表，然后将提取的关联列表与人类关联列表做对比。这三个算法分别是 Church-Hanks 算法、潜在语义分析（LSA）和潜在狄利克雷分配（LDA）。

在第 3 章，Lubaszewski、Gatkowska 和 Godny 描述了一个过程，用于在实验中建立的人类关联网络中的单词关联。他们认为每个关联都是基于两个释义之间的语义关系，而这种释义之间的关联有自己的方向，并且独立于其他关联的方向。此过程使用图结构来生成语义一致的子图。

在第 4 章，Rapp 探索了人类语言生成是否是由关联控制的，以及话语的下一个实词是否可被视为该实词表示的一种关联，而这种关联已经在说话人的记忆中被激活。他还介绍了反向关联任务的概念，讨论了激励词是否可以通过响应词来预测。他根据反向关联任务搜集了人类数据，并将其与机器生成的结果进行了比较。

在第 5 章中，Vincent-Lamarre 和他的同事研究了在字典中定义所有其余单词所需的单词及其数量。为此，他们在词典组件 Wordsmyth 上使用了图论分析。其研究结果对于理解符号基础，以及词义的学习和心理表征具有重要意义。他们得出的结论是，语言使用者只有掌握用于理解词的定义的词汇表中的单词，才能够从语言（口头）定义中学习和理解单词的含义。

第 6 章侧重于词义消歧。Tripodi 和 Pelillo 根据进化博弈论方法来研究词义消歧。要消除歧义的每个单词都表示为玩家，每个意义都表示为策略。该算法已经在具有不同数量标记词的四个数据集上进行了测试。它利用关系和上下文信息来推断目标词的含义。实验结果表明，该方法的性能优于传统方法，并且只需要少量标记点就能胜过有监督系统。

在第 7 章中，Zock 和 Tesfaye 专注于以四个任务表达的文本生成的挑战性任务：构思、文本结构、表达和修订。他们专注于文本结构，涉及消息的分组（分块）、排序和链接。其目的是研究文本生成的哪些部分可以自动化，以及计算机是否可以基于用户提供的一组输入构建一个或多个主题树。

著述属性是第 8 章研究的重点。Boukhaled 和 Ganascia 分析了使用虚词的序贯规则和词性（POS）标签作为文本标记的有效性。该有效性不依赖于词袋假设或原始频率。他们的研究表明，虚词和词性 n 元组（n-gram）的频率优于序贯规则。

第 9 章讨论了基频检测（F0），它在人类语音感知中起着重要作用。Glavitsch 探索了使用人类认知原理进行的 F0 估计是否能够表现得与最新的 F0 检测算法一样好或更好。他所提出的运行在时域的算法错误率较小，并且在使用有限的存储和计算资源的情况下，其表现超过了传统的最高水平的基于关联的 RAPT 方法。在神经认知心理学中，手动收集的完形填充概率（CCP）用于量化眼球运动控制模型中句内上下文单词的可预测性。由于 CCP 数据都是基于上百个参与者的采样，在所有新的激励上泛化该模型是很难的。

在第 10 章中，Hofmann、Biemann 和 Remus 提出应用语言模型，这些模型可以通过在线数据库中公开可用数据集的 item 级别的性能进行基准测试。先前在脑电图（EEG）和眼球运动（EM）数据中从句内上下文中预测单词的神经认知方法依赖于 CCP 数据。他们的研究表明，当直接计算 CCP、EEG 和 EM 数据时，n 元语言模型和递归神经网络（RNN）的句法和短程语义过程差不多同样好。这可以帮助将神经认知模型推广到所有可能的新颖单词组合。

参考文献

[POI 16] POIBEAU T., VASISHTH S., "Introduction: Cognitive Issues in Natural Language Processing", *Traitement Automatique des Langues et Sciences Cognitives*, vol. 55, no. 3, pp. 7–19, 2016.

Chris BIEMANN
University of Hamburg
Germany

Philippe BLACHE
Brain and Language Research
Institute
CNRS–University of Provence
Aix-en-Provence
France

Alexandre BLONDIN-MASSÉ
University of Quebec at Montreal
Canada

Mohamed Amine BOUKHALED
Paris VI University
France

Jean-Gabriel GANASCIA
Paris VI University
France

Izabela GATKOWSKA
Jagiellonian University
Kraków
Poland

Debela Tesfaye GEMECHU
Addis Ababa University

Ethiopia

Ulrike GLAVITSCH
Swiss Federal Laboratories for
Materials Science and
Technology (EMPA)
Zurich
Switzerland

Maciej GODNY
Jagiellonian University
Kraków
Poland

Stevan HARNAD
University of Quebec at Montreal
Canada
and
University of Southampton
UK

Markus J. HOFMANN
University of Wuppertal
Germany

Michał KORZYCKI
AGH
University of Technology
Kraków
Poland

Marcos LOPES
University of São Paolo
Brazil

Mélanie LORD
University of Quebec at Montreal
Canada

Wiesław LUBASZEWSKI
Jagiellonian University
Kraków
Poland

Odile MARCOTTE
University of Quebec at Montreal
Canada

Marcello PELILLO
European Centre for Living
Technology (ECLT)
Ca' Foscari University
Venice
Italy

Reinhard RAPP
University of Mainz
and
University of Applied Sciences
Magdeburg-Stendal
Germany

Steffen REMUS

University of Hamburg
Germany

Florence SÈDES
Paul Sabatier University
Toulouse
France

Bernadette SHARP
Staffordshire University
Stoke-On-Trent
England

Rocco TRIPODI
European Centre for Living
Technology (ECLT)
Ca' Foscari University
Venice
Italy

Philippe VINCENT-LAMARRE
Ottawa University
Canada

Michael ZOCK
Traitement Automatique du
Langage Ecrit et Parlé (TALEP)
Laboratoire d'Informatique
Fondamentale (LIF)
CNRS
Marseille
France

目　录

Cognitive Approach to Natural Language Processing

延迟解释、浅层处理和构式："尽可能解释"原则的基础

Philippe Blache

本章将讨论"尽可能解释"原则，这条原则指的是在没有足够的信息可用之前，对处理机制进行延迟。这条原则依赖于对基础单元——语块的识别，识别语块则通过语块的基本特征来实现。语块是待处理的输入的分段。在一些情况中，基于它们所具有信息的可理解性，语块可以是具有语言学结构的元素。在其他情况中，语块只是简单的分段。语块存储在工作记忆的缓冲区中，并在可以分组的时候递增地进行分组（基于内聚力度量），逐步识别输入的不同结构。对语言输入的整体解释不再基于逐字翻译的机制，而是基于对输入结构的分组，这些结构构成了"尽可能解释"原则的基础。

1.1 引言

自然语言处理、语言学和心理语言学从不同角度揭示了人类处理语言的方式。然而，这几个方面的知识仍然很零散：传统研究通常关注的是语言处理子任务（如语言习得）或模块（如形态学、句法），并没有形成统一的框架。要找到一个能将不同信息源统一到一个特定体系结构中的通用模型非常困难。

存在这样一个问题：我们仍然对语言的不同维度（韵律、句法、语用、语义等）如何相互作用知之甚少。一些语言学理论，特别是

构式语法（construction grammar）[FIL 88，GOL 03，BLA 16]，提出了一些方法，使聚合和建立不同维度之间的关系变得可能。这些框架依赖于构式的概念，后者是根据不同层次（词汇、句法、韵律等）的特定属性所链接成的一组单词，并且与特定含义相关联，该含义通常是非清晰的或可组合理解的（如习语或词组）。有趣的是，这些理论也为整合多模态信息（语言和非语言）提供了一个框架。解释一个构式（即获取其相关的意义）是所有维度交互作用的结果。在这种架构之下，对语言生成的处理不是一个线性过程，而是需要借助机制来对构式进行全局识别。与增量体系相反（参见[FER 02，RAY 09]等），句法、语义和语用处理不是逐字逐句进行的，而是基于更全局化的构式进行的。

在这种架构之下，语言处理需要对不同来源的信息进行同步化的对齐，以便识别构式并得到其含义。在实际情况中（如对话），不同的输入流可以是语言（韵律、句法、语用等）或者非语言（手势、态度、情绪、上下文等），它们出现的时间并不同步。所以接下来需要解决的一个问题就是如何将信息暂时性地存储，并且延迟处理直到获得足够的信息。在这种观点下，输入语言流（读到或听到的）将会被分割成任何形式的、被部分或全部识别的元素：音频流的片段、字符集，以及（如果可能的话）由多个单词甚至多个词组构成的更高级别的片段。在本章中，我们为了实现上述构式提出了以下几个问题：

1）延迟机制的本质是什么？

2）基本单元的本质是什么？它们是怎样被识别的？

3）延迟机制是如何实现的？

1.2 延迟处理

在语言处理过程中能产生不同种类的延迟效应。例如，在大脑层面上，我们已经发现了语言处理可能受输入呈现速率的影响。
［VAG 12］中调查了这种现象，声称当呈现速率增加到比处理速
度快时，可懂度可能会崩溃（见图1-1）。这是因为语言网络的工
作时间长短是恒定的：作者称，皮层处理速度受到严格约束，不易
加速。所以当呈现速率增加时，处理速度保持恒定，可能会突然出
现阻塞情况。具体说来，这意味着当呈现速率提高时，由于处理速
度保持恒定，所以必须缓冲部分输入流。实验表明，在可懂度崩溃
之前，速率可以提高到40%。这种情况发生在缓冲区饱和的时候，
大脑皮层的高阶语言区域（据说反映了可懂度［FRI 10］）的激活
突然下降，表明输入信号变得不可理解，从而在皮层水平揭示了
这种情况。

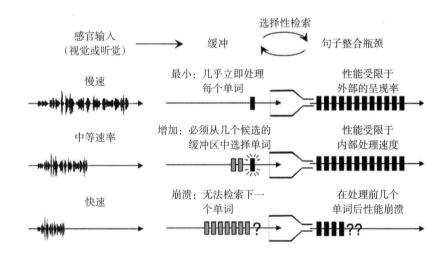

图1-1　当呈现速率超过处理速度时瓶颈情况会发生（转载自
　　　　　［VAG 12］）

这个模型表明当单词以较慢的速率输入时能够被及时处理，在
此情况下，处理速度就是感官系统的处理速度。然而当速率增加、
单词呈现得更快时，处理速度达到极限，不再能够实时地处理单
词。在这种情况下，单词会存储在缓冲区中，然后在认知资源再次
可用时，大脑会以先进先出的方式从缓冲区中检索单词。当呈现速
率高于处理速度时，要存储的单词的数量会持续增加。当达到缓冲

区的最大容量时，会发生锁定，并且导致可懂度崩溃。

除了这种缓冲机制之外，还有其他证据证明输入可能不是逐字逐句线性处理的，而是周期性的。这个概念意味着即使在正常情况（即没有任何可懂度问题）下，对于基本单元的解释也只是周期性地进行，即在处理基本单元之前先进行存储。一些研究调查了这一现象。在皮层水平上，对刺激强度的波动分析揭示了在短语和句子出现之后存在特定活动（谱峰）［DIN 16］。阅读过程中的眼球运动也存在同类型的效应：当刚刚读到的词是短语或者句子的结束时可以观察到存在更长时间的注视。该结尾效应（wrap-up effect）［WAR 09］以及如前所述的在皮层水平上时间延迟的存在，证明了延迟机制的存在，即基本元素被临时存储，并且在得到足够信息时才触发整合操作。

在语义层面，其他证据也表明语言处理，或者至少语言解释，并不是严格递增的。相关实验表明，语言理解可能仅停留在浅层次：［ROM 13］表明，在习语的语境中，对单词的处理可能完全不进行，取而代之的是习语层面的全局处理。这种效应已经在皮层上表现出来：当在习语中引入语义违规时，硬语义违规（hard semantic violation）和软语义违规（soft semantic violation）之间没有区别（但是在非习语语境中情况并非如此）；在某些情况下，处理一个单词并不意味着需要将其集成到一种结构中，而是仅在扫描单词时进行简单浅处理，而不做任何解释。在阅读相关的研究中也进行了同样的观察：根据任务的不同（如期望非常简单地理解问题时），读者可能会进行浅处理［SWE 08］。能够揭示这一效应的事实是，对于歧义句的阅读速度会更快，这意味着对它没有进行解析，语义表示仍然不够明确。这种处理层次的变化取决于语境：当语用和语义语境承载了足够的信息时，会使得整个处理机制失效，解释变得可预测。在注意力层次上，这个现象在［AST 09］中被证实，表明对于不同的时间窗口分配的注意力资源取决于该时间窗口的可预测性：当信息可预测时，分配最少的注意力，相反，当信息与预期不符时需要分配最多的注意力。当听者使用知觉调节（perceptual accommodation）针对说话者调整自己的听觉策略的时候，可观察到相同类型的变化［MAG 07］。

这些观察符合"足够好"理论（good-enough theory）［FER 07］，即对复杂内容的解释通常是浅薄和不完整的。该模型表明，解释只是在少量相邻词的基础上偶尔进行，全局解释将被推迟到有足够的资料时进行。这个框架和它所依赖的证据也证实了这样一个观点——语言处理通常不是线性、逐字逐句的。相反，语言处理可以停留在非常浅的层面，并且可以在必要时延迟。

1.3　工作记忆

延迟机制依赖于被称为短期记忆（short-term memory）的存储单元，因为该单元可以临时存储任何性质的信息，所以该单元成为认知系统组织的基础。一般来说，人们认为这种记忆单元主要用于存储。然而，一种特殊的短期记忆单元称为工作记忆，也可以用于信息和某种程度的处理操作。它将作为一个缓冲区，并且其内部存储的信息可以被部分结构化。

一些模型［BAD 86, BAD 00］提出了一种架构，其中工作记忆在不同的感觉 – 运动回路上扮演着监管者的角色，同时也是一个间歇缓冲区。

工作记忆单元（以及一般的短期记忆单元）的一个重要特征是容量有限。在一篇著名的论文中，［MIL 56］将这一限制估计为 7 个单元这样一个"神奇"的数量。然而，已经发现存储在工作记忆中的单元不一定是原子级别的；也可以是被视为单个单元的分组。例如，存储的元素可以是数字、字母、单词甚至序列，表明了一个组可以被编码为单个单元。在这种情况下，工作记忆单元不直接存储元素集，而是更倾向于存储一组指针，这些指针指向短期记忆单元中另一（较低级别）部分的元素的位置。这些高级元素类型被称为语块（chunk），就语言而言，它一般由一组单词组成。

工作记忆单元在 ACT-R（理性思想的适应性特征，Adaptive Character of Thought-Rational，见［AND 04］）等认知架构中占据着中心位置。此模型中，短期记忆信息（语块）被存储在一组缓冲区中。该架构以［BAD 86］中阐述的方式，围绕着一组由监管系统（生产系统）协调的模块（手动控制、视觉感知、问题状态、控制状态和陈述性记忆）。每个模块都与包含一个语块的缓冲区相关联，该语块被定义为包含少量信息的单元。此外，在这个组织架构中，每个缓冲区只能包含一个知识单元。

ACT-R 已经被应用于语言处理，其中短期记忆单元在程序性和陈述性记忆单元（两种不同类型的语言知识）之间扮演着接口的角色［LEW 05, REI 11］。缓冲区存储的是被表示为属性 - 值对列表形式的语块（信息单元）。语块存储在记忆单元中，它们组成一个单元并且可以被整体访问。它们的可访问性取决于激活（activation）程度，从而有助于控制它们在陈述性记忆单元中的检索。语块的激活程度由几个参数决定：自上次检索到现在的时延、元素相对于语块的权重，以及元素和语块之间关系的强度。下面的公式整合了这三个元素来量化对于块 i 的激活 A：

$$A_i = B_i + \sum_j W_j S_{ji} \qquad (1.1)$$

在这个公式中，B 表示语块的基本激活强度（其检索的频率和最近时间），W 表示查询项相对于语块 i 的权重，S 表示将每一个查询项链接到块的关系的强度。然后我们就可以将语块与其激活程度相关联。有趣的是，语块激活也部分地依赖于上下文：当前语块与其他元素的关系强度对激活程度有影响，由此可控制其概率以及检索速度。

实际上，这个架构隐含地实现了延迟评估：包含原子信息或结构化信息的基本单元首先被识别，并存储在不同的缓冲区中。此外，这一发现也提示了检索的实现方式，即存储语块的不同缓冲区不会被实现为堆栈的形式，因为堆栈遵循先进先出（first-in-first-out）的检索机制。而在我们的架构中，语块可以以任意顺序检索，而且会优先选择激活值较高的块。

ACT-R 模型和激活概念为理解困难（comprehension difficulties）的问题提供了解释。在上一节中，我们已经看到理解困难可能是缓冲区饱和（从计算角度来说，是栈溢出）的结果。由于存储信息的可访问性下降，这种困难得到了控制［LEW 05］。这一解释与前一节中的结论是互通的：处理速度与激活程度相关。具有高激活度的语块将被快速检索，从而减少缓冲元素的数量。当大量语块的激活程度较低时，处理速度会降低，从而导致缓冲区拥塞。

这个架构中的一个重要问题是工作记忆在程序化操作中的作用，更确切地即要被存储的不同元素的结构是怎样的。在某些方法中，工作记忆在整合元素方面起着决定性作用：基本元素（词汇单元）被组装成结构化元素，起到激活的作用。在这种组织中，工作记忆成为进行语言分析的场所。这就是在如"理解能力理论"［JUS 92］中提出的：工作记忆起着存储和处理的双重作用。在这个理论中，任何层次的元素都可以被存储和访问，如单词、短语、主题结构、语用信息等。然而，很难解释这种模型如何能够同时实现延迟效应（作者称之为"观望"）和逐步解释的增量理解系统。在［VAG 12］等对记忆容量的研究中，提出了一个更简单的观点，即记忆单元有一个独特的输入缓冲器，其作用仅限于存储单词。在我们的研究中，我们采取了一个折中的理论，即缓冲区仅限于存储，但是可以存储不同类型的元素，包括如语块等部分结构化的元素。

1.4　如何识别语块：分词操作

语言处理中延迟评估的假设不仅依赖于记忆单元的特定结构，

还需要一种机制来识别需要存储在缓冲区中的元素。因此我们需要解决两个问题：这些元素的特点是什么，以及如何识别它们。我们的假设基于一个想法，即在第一阶段不做深入和精确的语言分析。如果这样的话，解释和描述识别存储元素的机制必须处在较低的层次。

这些问题与分词有很大的关联。给定输入流（如连续语言/音），可以将哪些类型的元素进行划分以及如何划分它们？对于音频信号而言，一些特定的机制在语音分段中起作用。这方面的许多研究（［MAT 05］，［GOY 10］，［NEW 11］，［END 10］）展现了来自不同层次的不同影响因素，这些因素特别针对于（但不仅限于）分词任务，其中包括：

- 韵律层次（prosodic level）：在某些语言中，重音、持续时间和音高信息与单词中的特定位置（如初始位置或最终位置）相关联，从而有助于检测单词边界。
- 异音层次（allophonic level）：音素是可变的，而其实现受到它们在单词中的位置的影响。
- 音位层次（phonotactic level）：音素出现顺序的限制，给出了两个相邻音素出现在单词内部或单词之间的概率。
- 统计/分布特性（statistical/distributional property）：连续音节之间的过渡概率。

分词需要满足多种约束条件，这些不同的约束条件编码了不同类型的信息，如语音、音位、词汇、韵律、句法、语义等（参见［MCQ 10］）。然而，这些分词需要的特征大部分处于较浅的层次，不涉及实际的词汇访问。从这个角度来看，一些分割机制不依赖于单词的概念，并且也可以用于除分词之外的其他任务。这一点非常重要，因为单词的概念并不总是相关的（因为涉及高级的特征，包括语义特征）。在许多情况下，我们会使用其他类型的分割，这种分割不涉及单词的概念，而是停留在更大的分段（如韵律单元）的识别上，不进行深入的语言分析。

进一步的，［DEH 15］提出了 5 种识别序列知识的机制。

- 转移和时序知识（transition and timing knowledge）：当一个序列的元素（不论其类型是什么）以一定的速率出现时，因为下一个元素出现的时延是可以估计的，所以可以预测转移的下一个元素。
- 分块（chunking）：根据特定的规则，连续的元素可以被分组到相同的单元。语块简单定义为一组经常同时出现的连续元素，然后会被编码为单个单元。
- 排序知识（ordinal knowledge）：一个与时间长度无关的、循环的线性顺序，用于识别元素及其位置。
- 代数模式（algebraic pattern）：当若干元素具有内部正则模式时，可以通过此信息完成它们的识别。
- 由符号规则生成的树状嵌套结构（nested tree structures generated by symbolic rules）：识别复杂结构，将几个元素聚合成一个特定的元素（通常是短语）。

对于这些序列识别机制（至少是前四个）而言，很重要的一点是，它们适用于任何类型的信息，并依赖于浅层机制，因为这些识别机制基于对规律和频率的检测。当应用于处理语言时，这些机制阐述了如何直接识别音节、模式或组块。例如，代数模式是基于某个特定结构的，如在下面的口语例子中："星期一，洗衣，星期二，熨衣服，星期三，休息"，没有任何句法或高级处理，仅仅依赖"／日期－动作／"（/date-action/）模式的规则，就可以对三个子序列分段并将每个分段集成为一个特定的成分。由此，我们依靠模式识别（pattern identification）这样一个基本的机制就可能实现识别结构（并且直接理解其含义）的任务。

将本节所描述的机制集成到一起，我们就可以获得一组强大的
参数，并用于将输入分割为单元。在某些情况下，当特征密度比较
高的时候，分割的片段可以是单词；在其他情况下，分割的片段是
更大的单元。例如，韵律中的长中断（超过 200ms）是一个常见的
分段约束：两个这样的中断可以作为一个分段的边界（对应一个韵
律单元）。

因此我们可以得出结论，许多基本机制都可以在不涉及深入分
析的基础之下，将读或者听到的语言输入分段。我们的假设是这些
片段是最初存储在缓冲区中的基本单元。存储单元可能但不一定
是单词。在一般情况下，它们是可以用于后续检索的字符序列或
音素。当听到对方说话但是没有理解时，对于听者会有如下反应：
音频片段会被首先存储起来，直到获取到其他来源的信息（譬如文
本）的时候，才会被再次访问并且将分段细化为单词。

1.5 延迟架构

根据到目前提出的不同元素，我们建议将延迟评估和分块的概
念整合到语言处理组织结构中。这种架构依赖于这样一种观点，即
对句子的解释（以及接下来的理解）仅仅在可能的情况下进行，而
不是逐字地进行。该机制意味着，在开始任何深度处理之前都需要
积累足够的信息。这也意味着：第一，识别原子单位不需要进行任
何深层解析；第二，存储元素并在必要时对其进行检索。

我们在这里不讨论建立解释的问题，只关注积累信息的这一初
级阶段。这个组织依赖于一个分成两阶段的过程，第一阶段是打
包，第二阶段是更深入的分析。这种区别让我们想起了著名的"香
肠机"（Sausage Machine）[FRA 78]，该架构第一层称为初步短语
包装器（Preliminary Phrase Packager，PPP），用于识别可能的组
（或语块），而这些组是由 6 或 7 个单词组成的有限大小的窗口，而

且每个组对应的短语可以是不完整的。第二层称为句子结构监视器（Sentence Structure Supervisor，SSS），它将 PPP 中生成的单元组成更大的结构。在这个经典的架构中，每个层次都涉及某种句法分析，依赖于语法知识。此外，从经典的构成角度来看，解释应该从句法结构的识别开始。

我们的方法同样依赖于两个阶段：

1）分段和存储。
2）聚合复杂块。

然而，这个模型对于要构建的单元类型没有任何先验知识：它们不一定是短语，并且可以简单地由输入的非结构化片段组成。此外，第二阶段不是强制性的：对结构的识别和对相应输入子部分的解释可以在第一阶段完成。

接下来，我们会基于更通用的"尽可能解释"结构对这两步进行阐述。

1.5.1　分段和存储

处理语言输入（文本或语音）的第一步是将其分割成原子语块。这里"原子"意味着没有构建结构，"语块"只是对输入的切分，其基于低级参数的识别。换句话说，该机制没有对输入进行精确的分析，而是立即收集所有可能的信息。因此，由于信息的精度级别可以有很大不同，块可以具有许多不同的类型和级别。一些分段机制非常普遍，甚至是通用的。例如，"互操作单元"（inter-pausal unit）的定义依赖于音频信号中长中断的识别，而其得到的语块是没有内部组织或子分段的一长串音素。在一些（罕见的）情况下，除了长中断以外没有其他任何特征，分块就会很大并且就这样存储。然而在大多数情况下可以获得更多信息，从而可以识别更细粒度的语块，有时甚至可以识别到单词的粒度。几种这样的分段特征具体如下：

- 韵律轮廓（prosodic contour），重音：音高、停顿、持续时间和重音可能表明了单词边界。
- 音位约束（phonotactic constraint）：音素序列的语言依赖约束。违反这种约束就表明可能是边界。
- 词频单元（lexical frequency unit）：在某些情况下，整个单元可能是可预测性非常高的（通常是高频的单词、命名实体等），从而可以直接对输入进行分段。

这些特征经常发生变化，并且不会在所有情况下都导致分段。当模糊度较高时，在此阶段不会进行更进一步的分段。而在相反的情况下，即当模糊度较低时，这些低级特征会导致单词的分段。更重要的是，这些特征所对应的信息是可以直接被评估的，而不需要依赖于其他特性或知识。

在第一阶段，原子语块被存储在了缓冲区中。我们将在下一节介绍预处理阶段的下一步，包括对语块的聚集过程。

1.5.2　内聚聚集

结构可以被描述为一组相互作用的属性。这一定义让我们可以根据这些属性的数量和它们的权重来设计一种度量方法，参见 [BLA 16]。在句法层面，描述一个结构的属性集可以用一个图来表示，在图中节点是单词，边表示关系。图的密度构成了第一种类型的度量：图的密度较高说明属性的数量较多，这对应了单词之间某种类型的内聚力。此外，不同属性间关系的性质也可以被评估，即一些属性比其他属性更重要（这种重要性由它们的权重表示）。高密度的硬属性（即具有很大权重的属性）构成了信息的第二种类型。最后，一些句子可能是非规范的，具有某些违规的属性（例如，违反一致性或者线性优先）。将符合的属性的数量与违规的属性的数量相比较，就构成了我们用于评估内聚力的最后一种属性。

我们的假设是，在这三种信息类型的基础上定义的内聚力度量，与结构的识别之间存在相关性。换句话说，一个结构就对应于与大量属性相关联的一组单词，并且这些属性权重很大，而且没有或几乎没有违规。

内聚力度量的第一个参数是在所有的语法属性当中，可能用于评估给定结构的属性数量。下图展示了描述名词性结构的语法中的属性集[⊖]：

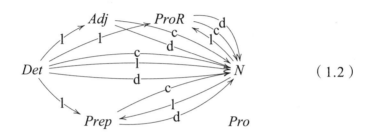

$$(1.2)$$

一个类别可能涉及的关系的数量可以通过图中顶点连接的边数来估计（在图论中称为顶点度）。然后，我们通过这个量来定义一个类别的度。在上图中，我们定义的度如下：$\deg_{[gram]}(N) = 9$；$\deg_{[gram]}(ProR) = 2$；$\deg_{[gram]}(Adj) = 1$。

在句法分析期间（即已经得到了类别列表），可以将与上面相同类型的评估应用在描述结构的约束图上，如下例所示：

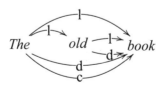

每个单词都涉及一组关系。与语法分析过程相似，一个单词的度是该单词对应节点的关联边的数量。在这个例子中，有：$\deg_{[sent]}(N) = 5$；$\deg_{[sent]}(Adj) = 1$；$\deg_{[sent]}(Det) = 0$。

⊖　字母 d、l、c 分别代表依赖性、线性和共现性。

我们估算内聚力的第一个参数就是对这两个值的比较：对于给定的单词，我们根据语法分析可以得到它理论上可能涉及的属性的数量；根据句法分析，我们又能够知道这些属性中有多少得到了有效评估。然后，我们定义**完整性比率**（completeness ratio），用于表示类别的密度：被验证的语法关系的数量越多，完整性比率的值越高：

$$\text{Comp(cat)} = \frac{\deg_{[\text{sent}]}(\text{cat})}{\deg_{[\text{gram}]}(\text{cat})} \tag{1.3}$$

除了这个完整性比率之外，约束图本身的密度也很有意义。在图论中通过计算边数和顶点数之间的比率来得到这个值。更精确的定义如下（S 是句子的约束图，E 是边集，V 是顶点集）：

$$\text{Dens}(S) = \frac{|E|}{5 * |V| \, (|V| - 1)} \tag{1.4}$$

在这个公式中，分子是现有边的数量，分母是可能的边的总数（即假设每条边都连接两个不同的顶点，然后再乘以 5，5 是不同类型属性的数量）。这个值可以用于区分稠密图和稀疏图。在我们的假设中，稠密的图与结构相关。

所定义的最后一个参数是更数量化的，并且考虑了属性的权重。更确切地说，我们已经看到，所有的属性都可以被满足或者被违反，因此，我们将标准化满足度定义如下（其中 W^+ 是满足的属性和被违反的属性 W^- 的权重之和）：

$$\text{Sat}(S) = \frac{W^+ - W^-}{W^+ + W^-} \tag{1.5}$$

最后，可以将内聚值定义为前面三个参数的函数，如下所示（C 代表某个结构，G_C 是其对应的约束图）：

$$\text{Cohesion}(C) = \sum_{i=1}^{|S|} \text{Comp}(w_i) * \text{Dens}(G_C) * \text{Sat}(G_C) \tag{1.6}$$

注意，密度（density）和满足度（satisfaction）这两个参数可以直接被评估，而不依赖于上下文，也不需要知道结构的类型。相反，对完整性（completeness）参数的评估需要知道结构的类型，以便从语法中提取所有可能描述它的属性。在某种意义上，前两个参数是基本参数，可以被理解为是对属性的描述，并且可以自动评估。

内聚力（cohesion）度量为激活（activation）概念提供了一种新的衡量方式。此外，它还提供了一种基于简单属性来直接识别结构的方法。最后，它为实现通用语法分析原则提供了明确的理论基础（通用语法分析原则规定结构或语块是具有高密度的高权重关系的单词集合）。这个定义对应于最大化在线处理（Maximize On-line Processing）原则［HAW 03］，该原则规定："在解析 X 时，人工的分析器倾向于将一组可分配给每个项 X 的属性最大化。……结构和未被划分为结构的序列相比，最大的不同可以表示为一个函数，在一个结构 S 中，相比较于所有可能的属性数量，该函数的参数是未分配或错分配给 X 的属性的数量。"

这个原则为我们的语言处理概念提供了一个通用的背景。该机制并不会建立句法结构以用于理解句子，而是会构建一连串的语块，这些语块可以基于已有的信息最大化内聚方程的值。当信息的密度（或内聚力）达到某个阈值时，可以将元素分组成唯一的块，并存储在工作记忆单元中。当未达到阈值时，则不会修改缓冲区的状态，而是会扫描输入流的下一个新元素。这种通用的解析机制使我们在有不同的信息源可用时，能通过延迟评估的方式来整合这些信息源，直到达到某个内聚阈值。这构成了实现"足够好"理论的基本处理框架：尽可能解释。

1.6 结论

理解语言理论上是一个非常复杂的过程，涉及许多不同的信息源，此外还必须实时完成。幸运的是，在许多情况下，不同的参数会简化理解过程：可预测性，以及可以直接处理整个输入段的事实。对于大多数结构而言，含义都是可以直接获取的，而且可以把结构作为一个整体进行处理。在较低级别，还可以识别输入的子部分（如模式、韵律单元等），从中可以直接检索全局信息。不同的观察表明，低层次的特征通常可以用于识别全局片段。我们在本章中提出的语言处理架构基于如下原则：不是识别单词，然后将它们逐步地集成到要解释的句法结构中，而是首先识别片段。这些片段可以是任何类型的：音素序列、单词、词组等。它们的共同特征是不需要任何深层信息或加工处理就可以识别这些片段。

一旦识别了片段（称为语块），就将它们存储在缓冲区中，而且不进行任何的解释。换句话说，解释机制被延迟（delayed），直到有足够的信息可用才进行。当缓冲新块时，其对缓冲区中现有块的内聚力估算就算完成了。当不同组块之间的内聚力（对应于认知结构中的激活概念）达到某个阈值时，它们会被合并成一个独特的块，其在缓冲区中的存储也会被替换为一个单独的单元。这种机制使得我们能够逐步识别结构并直接获取其含义。

这种组织结构没有采用逐字逐句的增量机制，而是实现了“尽可能解释”原则。它构成了一个框架，可以用于解释所有已经观察到的不同延迟和浅层处理机制。

1.7　参考文献

[AND 04] ANDERSON J.R., BOTHELL D., BYRNE M.D. *et al.*, "An integrated theory of the mind", *Psychological Review*, vol. 111, no. 4, pp. 1036–1060, 2004.

[AST 09] ASTHEIMER L.B., SANDERS L.D., "Listeners modulate temporally selective attention during natural speech processing", *Biological Psychology*, vol. 80, no. 1, pp. 23–34, 2009.

[BAD 86] BADDELEY A., *Working Memory*, Clarendon Press, Oxford, 1986.

[BAD 00] BADDELEY A., "The episodic buffer: a new component of working memory?", *Trends in Cognitive Sciences*, vol. 4, no. 11, pp. 417–423, 2000.

[BLA 16] BLACHE P., "Representing syntax by means of properties: a formal framework for descriptive approaches", *Journal of Language Modelling*, vol. 4, no. 2, 2016.

[DEH 15] DEHAENE S., MEYNIEL F., WACONGNE C. *et al.*, "The neural representation of sequences: from transition probabilities to algebraic patterns and linguistic trees", *Neuron*, vol. 88, no. 1, 2015.

[DIN 16] DING N., MELLONI L., ZHANG H. *et al.*, "Cortical tracking of hierarchical linguistic structures in connected speech", *Nature Neuroscience*, vol. 19, no. 1, pp. 158–164, 2016.

[END 10] ENDRESS A.D., HAUSER M.D., "Word segmentation with universal prosodic cues", *Cognitive Psychology*, vol. 61, no. 2, pp. 177–199, 2010.

[FER 02] FERREIRA F., SWETS B., "How incremental is language production? Evidence from the production of utterances requiring the computation of arithmetic sums", *Journal of Memory and Language*, vol. 46, no. 1, pp. 57–84, 2002.

[FER 07] FERREIRA F., PATSON N.D., "The 'Good Enough' approach to language comprehension", *Language and Linguistics Compass*, vol. 1, no. 1, 2007.

[FIL 88] FILLMORE C.J., "The mechanisms of 'Construction Grammar'", *Proceedings of the Fourteenth Annual Meeting of the Berkeley Linguistics Society*, pp. 35–55, 1988.

[FRA 78] FRAZIER L., FODOR J.D., "The sausage machine: a new two-stage parsing model", *Cognition*, vol. 6, no. 4, pp. 291–325, 1978.

[FRI 10] FRIEDERICI A., KOTZ S., SCOTT S. *et al.*, "Disentangling syntax and intelligibility in auditory language comprehension", *Human Brain Mapping*, vol. 31, no. 3, pp. 448–457, 2010.

[GOL 03] GOLDBERG A.E., "Constructions: a new theoretical approach to language", *Trends in Cognitive Sciences*, vol. 7, no. 5, pp. 219–224, 2003.

[GOY 10] GOYET L., DE SCHONEN S., NAZZI T., "Words and syllables in fluent speech segmentation by French-learning infants: an ERP study", *Brain Research*, vol. 1332, no. C, pp. 75–89, 2010.

[HAW 03] HAWKINS J., "Efficiency and complexity in grammars: three general principles", in MOORE J., POLINSKY M. (eds), *The Nature of Explanation in Linguistic Theory*, CSLI Publications, 2003.

[JUS 92] JUST M.A., CARPENTER P.A., "A capacity theory of comprehension: individual differences in working memory", *Psychological Review*, vol. 99, no. 1, pp. 122–149, 1992.

[LEW 05] LEWIS R.L., VASISHTH S., "An activation-based model of sentence processing as skilled memory retrieval", *Cognitive Science*, vol. 29, pp. 375–419, 2005.

[MAG 07] MAGNUSON J., NUSBAUM H., "Acoustic differences, listener expectations, and the perceptual accommodation of talker variability", *Journal of Experimental Psychology: Human Perception and Performance*, vol. 33, no. 2, pp. 391–409, 2007.

[MAT 05] MATTYS S.L., WHITE L., MELHORN J.F., "Integration of multiple speech segmentation cues: a hierarchical framework", *Journal of Experimental Psychology*, vol. 134, no. 4, pp. 477–500, 2005.

[MCQ 10] MCQUEEN J.M., "Speech perception", in LAMBERTS K., GOLDSTONE R. (eds), *The Handbook of Cognition*, Sage, London, 2010.

[MIL 56] MILLER G., "The magical number seven, plus or minus two: some limits on our capacity for processing information", *Psychological Review*, vol. 63, no. 2, pp. 81–97, 1956.

[NEW 11] NEWMAN R.S., SAWUSCH J.R., WUNNENBERG T., "Cues and cue interactions in segmenting words in fluent speech", *Journal of Memory and Language*, vol. 64, no. 4,

2011.

[RAY 09] RAYNER K., CLIFTON C., "Language processing in reading and speech perception is fast and incremental: implications for event related potential research", *Biological Psychology*, vol. 80, no. 1, pp. 4–9, 2009.

[REI 11] REITTER D., KELLER F., MOORE J.D., "A computational cognitive model of syntactic priming", *Cognitive Science*, vol. 35, no. 4, pp. 587–637, 2011.

[ROM 13] ROMMERS J., DIJKSTRA T., BASTIAANSEN M., "Context-dependent semantic processing in the human brain: evidence from idiom comprehension", *Journal of Cognitive Neuroscience*, vol. 25, no. 5, pp. 762–776, 2013.

[SWE 08] SWETS B., DESMET T., CLIFTON C. *et al.*, "Underspecification of syntactic ambiguities: evidence from self-paced reading", *Memory and Cognition*, vol. 36, no. 1, pp. 201–216, 2008.

[VAG 12] VAGHARCHAKIAN L.G.D.-L., PALLIER C., DEHAENE S., "A temporal bottleneck in the language comprehension network", *Journal of Neuroscience*, vol. 32, no. 26, pp. 9089–9102, 2012.

[WAR 09] WARREN T., WHITE S.J., REICHLE E.D., "Investigating the causes of wrap-up effects: evidence from eye movements and E–Z reader", *Cognition*, vol. 111, no. 1, pp. 132–137, 2009.

人类关联规范能否评估机器制造的关联列表

Michał Korzycki, Izabela Gatkowska, Wiesław Lubaszewski

本章介绍了由心理语言学实验创建的单词关联规范，与由操作文本语料库的算法所生成的关联列表之间的比较。我们比较了 Church-Hanks 算法生成的列表和 LSA 算法生成的列表。对于那些自动生成的列表如何反映人类关联规范中存在的语义依赖关系，本章提出了一种观点，并指出应该考虑对在关联列表中观察到的人类关联机制进行更深入的分析。

2.1 引言

三十多年来，人们普遍认为，根据从大型文本集合中检索到的单词共现（word coocurrence）可以定义单词的词汇含义。尽管有一些提议认为从文本［RAP 02，WET 05］中检索到的单词共现反映了文本的连续性，但也存在一些提议，他们认为，LSA 之类的算法无法区分语料库无关的语义依赖性（语义原型的元素）共现和基于语料库相关的事实依赖性共现［WAN 05，WAN 08］。为了证明这一假设，我们将人类关联列表与通过三种不同算法从文本中检索的关联列表进行比较，即 Church-Hanks［CHU 90］算法、潜在语义分析（LSA）算法［DEE 90］和潜在狄利克雷分配（LDA）算法［BLE 03］。

LSA 是一个词／文档矩阵秩削减算法，它从文本内提取单词共现。结果表明，语料库中的每个单词都与所有共现单词及出现的所有文本相关。这为关联文本比较奠定了基础。LSA 算法的应用性是各类研究的主题，其范围从文本内容比较 ［DEE 90］到人类关联规范分析 ［ORT 12］。然而，LSA 算法对研究机器制造的关联（machine-made association）的语言意义方面仍然没有兴趣。

很明显，人类关联规范和机器制造（machine-created）的关联列表的比较应该是本研究的基础。我们可以找到一些基于这一比较的初步研究：［WAN 05，WET 05，WAN 08］，其结果表明该问题需要进一步调查。值得注意的是，提到的所有类型的研究都使用了人类关联拓扑（human association topology）的关联强度来进行比较。关键在于，如果我们比较不同语言关联规范中特定刺激 – 响应（stimulus-response）对的关联强度，我们会发现关联强度不同。例如，"黄油"是爱丁堡关联词库（EAT）中对激励"面包"最强的响应（0.54），但在下面描述的波兰关联规范中，chleb（面包）- masło（黄油）的关联并不是最强的（0.075）。另外，我们可以观察到关联强度可能无法区分语义和非语义关联。例如，屋顶（0.04）、杰克（0.02）和墙（0.01）是 EAT 中对激励"房子"的响应。因此，我们决定测试机器制造的关联列表，来对比不包含关联强度的人类关联规范。作为比较，我们使用波兰语使用者在自由词关联实验 ［GAT 14］中制定的规范，以下称为作者的实验。因为 LSA 和 LDA 都使用整个文本来生成单词关联，所以我们还测试了人类关联，对比由 Church-Hanks 算法生成的关联列表 ［CHU 90］，该算法在一个类似句子的文本窗口上运行。我们还使用了三种不同的文本语料库。

2.2 人类语义关联

2.2.1 单词关联测试

在早期，人们注意到人类思维中的词语是相互联系的。美国临床心理学家 G. Kent 和 A. J. Rosanoff［KEN 10］认为，分析单词之间的联系具有诊断价值。在 1910 年，二人创立并进行了一项单词自由关联测试。他们在 1000 名具有不同教育背景和职业的人身上进行了研究，要求他们的研究对象通过激励词给出他们脑海中浮现的第一个词。该研究包括 100 个激励词（主要是名词和形容词）。Kent-Rosanoff 词汇表被翻译成几种语言，在这些语言中这个实验被重复进行，因此可以进行比较研究。在［PAL 64］、［POS 70］、［KIS 73］、［MOS 96］、［NEL 98］中继续进行单词关联研究，结果的可重复性允许研究对象的数量减少，然而同时增加了要使用的激励单词的数量，如 500 个孩子和 1000 个成人研究对象和 200 个单词［PAL 64］或 100 个研究对象和 8400 个单词［KIS 73］。在波兰也开展了关于单词自由关联的研究［KUR 67］，其结果是下述实验的基础。

计算语言学也参与了关于单词自由关联的研究，尽管有时这些实验没有采用心理学家在进行实验时使用的苛刻条件。例如，那些允许对单个激励词提供几个响应可能性的实验［SCH 12］或那些使用单词对作为激励的实验［RAP 08］。

存在一些基于文本语料库生成关联列表的算法。然而，自动生成的关联只能相当勉强地与心理语言学实验的结果进行比较。不过这样的情况正在发生变化；Rapp 的结果［RAP 02］真的令人鼓舞。

最后，关联规范对于不同的任务是有用的，例如信息提取［BOR 09］或字典扩展［SIN 04，BUD 06］。

2.2.2　作者的实验

雅盖隆大学和 AGH 科技大学大约有 900 名学生参加了本章所述的自由单词关联测试。测试中采用了波兰语版本的 Kent-Rosanoff 激励单词列表，这个版本以前是由 I. Kurcz 使用的［KUR 67］。

在初步分析之后，我们确定将 Kent-Rosanoff 列表的每个单词（在语法上来说是名词）以及在 Kurcz 实验中获得的每个名词的五个最常见的单词关联［KUR 67］用作激励词。如果给定的关联词出现在不同的词上，例如，白色（white）对于医生（doctor）、奶酪（cheese）和羊（sheep），则这个词作为激励在我们的实验中只出现一次。在波兰语版本中，由此产生的激励列表包含来自 Kent-Rosanoff 列表的 60 个单词，以及代表那些最常出现在 Kurcz 研究中的那些关联（响应）的 260 个单词。因此，它并不是 45 年前进行的实验的精确重复。

我们对实验条件和分析结果的方法进行了修正。该实验借助于计算机系统进行，计算机系统是基于该实验的要求而创建的。该系统呈现一个激励列表，然后将关联存储在数据库中。每个参与者的计算机屏幕上都显示了说明，并由实验人员大声朗读。在阅读说明之后实验开始，每个参与者的计算机屏幕上出现一个激励词，然后他们写下想到的第一个自由关联词——只能写一个。一旦参与者写下他们的关联词（或者用完给他写下关联词的时间），屏幕上就会出现下一个激励，直到实验结束。所有参与者的激励词数量及其顺序都是相同的。

结果，我们获得了 260 个关联列表，其中包含 16 000 多个关联词。从实验中得到的关联列表将用于评估算法生成的关联列表。

2.2.3　人类关联拓扑

在本章中，根据词汇表的排列，比较了来自不同来源的关联。然而，这并没有反映出人类关联的复杂结构。这些可以表示为加权图，其中节点中有特定的词，顶点中有关联。然后可以通过从一个特定激励（单词）开始，并在距离该中心激励一定距离处切断网络，将该图细分为子网。这些子网可以作为一个词的特定含义的代表。最强的关联总是与它们是双向的这一事实相关。但是，如果我们查看每对连接的单词以找到连接的含义，我们会看到连接的含义可能不同，例如家庭－母亲（home-mother）表示家庭是一个与母亲有特别联系的地方，而不同于家庭－屋顶（home-roof），表示屋顶是建筑物的一部分。在分析了所有单词对之后，我们可以发现它们中的一些以相同的方式连接激励词，例如，父母（parents）和家庭（family）按照与母亲（mother）相同的原则连接家庭（home），烟囱（chimney）、墙壁（wall）以及屋顶（roof）是建筑物的一部分。这一发现表明，激励词的词义是在一个关联网络中组织的子网。我们展示其中两个来说明这种现象。图 2-1 显示了 dom（"home"，作为家庭居住的地方）含义的子网，图 2-2 显示了 dom（"home"，作为建筑物）含义的子网。

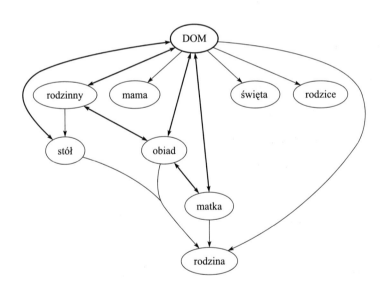

图 2-1　dom（"home"，作为家庭居住的地方）的人类关联子网

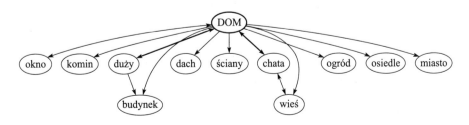

图 2-2　dom（"house"，作为建筑物）的人类关联子网

图 2-1 中显示了单词之间的关系：dom 和 rodzinny（家庭；形容词）、stół（桌子）、mama（mum，母亲）、matka（mother，母亲）、obiad（晚餐）、święta（假期）、rodzice（父母）和 rodzina（家庭）。

图 2-2 中显示了单词之间的关系：dom 和 komin（烟囱）、duży（大的）、budynek（建筑）、dach（屋顶）、ściany（墙壁）、chata（茅屋）、wieś（村庄）、ogród（花园）、osiedle（地产）和 miasto（城市）。

显然，两个子网都是手动识别的，很难相信通过使用仅在网络上运行的算法可以自动提取这些子网［GAT 16］。然后，我们将把特定激励的所有关联视为一个列表，忽略关联的含义。接着，我们可以区分语义上有效的关联，将波兰语关联列表与自由单词关联实验中获得的英语关联进行比较。

2.2.4　人类关联具有可比性

我们将从我们的实验得出的波兰语列表与源自爱丁堡关联词库（EAT）的语义等效英语列表进行比较。为了说明这个问题，我们选择了一个含糊不清的波兰语单词 dom，它对应英语单词 home 和 house。这些列表将呈现与其基本激励相关联的词，并根据其关联强度排序。由于响应的数量不同（home 和 house 为 95，dom 为 540），我们将根据其上发生的词的等级使用更加定性的相似性度量，而不是直接比较关联强度。该列表测量 $LM_w(l_1, l_2)$，给定两个单词列表 l_1 和 l_2 以及一个比较窗口，其将等于从列表的开头获取的 w 个单词的窗口中与 l_1 和 l_2 匹配的单词的量。

为了建立一些基本的预期相似性水平，我们将比较在我们的实验中获得的激励词 dom 的列表，其含义涵盖了英语单词 home 和 house。首先，每个波兰语关联单词都被仔细翻译成英语，然后列表会自动查找相同的单词，如表 2-1 所示。由于单词在比较列表上的排名可能不同，因此表 2-2 包含了匹配两个列表中的单词所需的窗口大小。

表 2-1　dom 实验列表（作者的实验）和 home 与 house 的 EAT 列表的前 10 个元素

dom	home	house
rodzinny (*adv. family*)	house	home
mieszkanie (*flat*)	family	garden
rodzina (*n.family*)	mother	door
spokój (*peace*)	away	boat
ciepło (*warmth*)	life	chimney
ogród (*garden*)	parents	roof
mój (*my*)	help	flat
bezpieczeństwo (*security*)	range	brick
mama (*mother*)	rest	building
pokój (*room*)	stead	bungalow

表 2-2　实验列表和 EAT 列表的比较（对于 $LM_w(l_1, l_2)$ 度量，显示了匹配单词的对应窗口大小 w）

w	home + house vs. dom	w	home vs. dom	w	house vs. dom
3	family	3	Family	3	Family
6	garden	9	Mother	6	Flat
9	mother	18	Cottage	6	Garden
12	roof	24	Garden	11	Roof
14	flat	26	Parents	14	Room
18	building	35	Peace	15	Building
19	chimney	41	Security	19	Chimney
26	parents			21	Cottage
30	room			30	Mother
32	brick			32	Brick
35	cottage			34	Security
64	security			40	Warm
65	peace			41	Warmth
74	warm				
75	warmth				

　　列表可以分别比较，但考虑到 dom 的模糊性，我们可以将 dom 的关联列表与来源于 EAT 的 home 和 house 列表的散布关联列表进行比较（即列表的组成为：与 home 相关的第一个单词，接着是与 house 相关的第一个单词，然后是与 home 相关的第二个单词，等等）。

原始列表，即用于比较的人类关联列表，是按响应频率排序的与激励词相关联的词的列表。不幸的是，我们无法通过频率或计算的关联强度自动区分与激励词产生语义关系的词，例如，在与单词 table 相关联的列表中，语义上不相关的 cloth 基本上比 legs 和 leg 出现得更频繁，其与表［PAL 64］产生"部分"关系。其中所描述的观察与语言无关。所提出的比较方法是从结果列表中语言特定的语义关联中截断的，例如，在 EAT 上最常见的 home-house 和 house-home，以及所有非语义关联，例如 home-office 或 house-Jack。每个结果列表由在语义上与激励单词相关的单词组成。换句话说，人类关联列表的比较将自动提取一个语义关联的子列表。

2.3 算法效率比较

2.3.1 语料库

为了将关联列表与 LSA 列表进行比较，我们准备了三个不同的语料库来训练算法。第一个语料库由波兰新闻社的 51 574 份新闻稿组成，单词个数超过 290 万。这个语料库代表了对现实的一个非常宽泛的描述，但在某种程度上可以被视为只局限于该语言的一个更正式的子集。该语料库将被称为 PAP。

第二个语料库是波兰国家语料库［PRZ 11］的一个片段，有 3363 个独立文件，单词个数超过 86 万。该语料库在语言词典中具有代表性；然而，其中出现的文本是相对随机的，在某种意义上说，它们不是按照主题分组或遵循一些更深层次的语义结构。该语料库将被称为 NCP。

最后一个语料库由博勒斯·普鲁斯（Bolesław Prus）的 10 部短篇小说和一部长篇小说《Lalka》（《玩偶》）组成，博勒斯·普鲁斯是 19 世纪晚期的一位小说家，他用的是现代版本的波兰语，类似于当今用的版本。这些文本分为 10 346 段，超过了 30 万个单词。这个语料库背后的基本原理是尝试利用如 dom 这样的基本概念来建模一些历史上根深蒂固的语义关联。该语料库将被称为 PRUS。

所有语料库都是使用基于字典的方法进行词形还原［KOR 12］。

2.3.2 LSA 源关联列表

潜在语义分析（LSA）是一种经典的工具，通过降维来自动提取文档间的相似性。术语 – 文档矩阵填充有与特定文档中术语的重要性相对应的权重（在我们的实例中为术语 – 频率／反文档频率），然后通过奇异值分解映射到称为概念空间的较低维空间。

形式上，维度为 $n \times m$（n 个术语和 m 个文档）的术语 – 文档矩阵 X 可以通过奇异值分解，分解为正交矩阵 U 和 V、对角矩阵 Σ：

$$X = U \Sigma V^{\mathrm{T}} \qquad (2.1)$$

这又可以通过较小维度空间中 X 的秩 k 近似来表示（Σ 变为一个 $k \times k$ 矩阵）。我们在实验中使用了一个任意秩 150：

$$X_k = U_k \Sigma_k V_k^{\mathrm{T}} \qquad (2.2)$$

此表示通常用于比较此新空间中的文档，但由于问题是对称的，因此可用于比较单词。维度为 $n \times k$ 的 U_k 矩阵表示新 k 维概念空间中的单词模型。因此，我们可以通过计算每个单词表示之间的余弦距离来比较它们的相对相似性。

如上所述，LSA 源关联列表由基于每个树语料库构建的模型中给定单词的有序列表（通过余弦距离）组成。

潜在语义分析［LAN 08］应用中的关键因素是确定 k，即用于将数据投影到简化的 k 维概念空间的概念的数量。由于该参数是语料库，并且在某种程度上是特定应用的特征，它已经通过实验确定。对于每个语料库（PRUS、NCP 和 PAP），都已经建立了一个 LSA 模型，其维度范围在 25 ～ 400 之间，增量为 25。对于每个语料库，维度都被选为在 1000 个单词的窗口中，从 10 个关联列表中给出最高匹配单词总数。如 3.4 节所示，最终结果对应于 PRUS 和 NCP 的 75 维以及 PAP 的 300 维。计算是使用 gensim 主题建模库进行的。

2.3.3　LDA 源列表

潜在狄利克雷分配（Latent Dirichlet Allocation，LDA）是一种用于主题提取的机制［BLE 03］。它把文档视为单词或主题的概率分布集。这些主题没有明确定义，因为它们是根据其中包含的单词的共现可能性来确定的。

为了获得与给定单词 w_n 相关联的单词排序列表，我们采用由 LDA 生成的主题集，然后对于包含的每个单词，我们将本主题中给定单词 w_n 的权重乘以每个主题的权重之和。

形式上，对于 N 个主题，其中 w_{ij} 表示主题 j 中单词 i 的权重，单词 i 的权重排名计算如下：

$$w_i = \sum_{j=1, \cdots, N} w_{ij*} w_{nj} \qquad (2.3)$$

该表示使我们可以根据它们在文档中共现的概率，创建与给定单词 w_n 相关联的单词排序列表。

2.3.4　基于关联比率的列表

为了评估相对先进的潜在语义分析机制的质量，我们将其在［CHU 90］中提出的关联比率的效率与已处理数据的性质有关的一些细微变化进行比较。对于两个单词 x 和 y，它们的关联比率 $f_w(x, y)$ 将被定义为在 w 个单词的窗口中 y 跟随或在 x 之前的次数。

原始关联比率是不对称的，它仅考虑参数 x 之后的单词 y。然而，对于用在句子中没有严格的单词排序的语言（在我们的例子中是波兰语）编写的文本而言，这种方法将会失败，其中句法信息是通过丰富的词形变化而不是通过单词排序来表示的。对于 w，我们将使用与 Church 和 Hanks［CHU 90］中相同的值，即 5。与 LSA 相比，这种方法可以看作是简单的，虽然如此，如结果所示，它仍然是有用的。

2.3.5 列表比较

首先，我们必须将从三个语料库中自动获得的单词 dom(home/hose）的列表与参考列表进行比较，后者即在作者的实验中从人类对象获得的人类关联列表。该比较将用 $LM_w(l_1, l_2)$ 表示，其中 l_1 是人类关联列表，l_2 是通过 LSA/LDA 相似性获得的列表，以及如上所述的关联比率 f_5。在该比较中，我们将三个不同大小的窗口应用于参考列表。

首先，我们将把 151 个字长的完整人类关联列表与上述算法生成的列表进行比较。我们将自动生成的列表的长度任意限制为 1000 个单词。如表 2-3 所示。

表 2-3　不同 w 的 $LM_w(l_1,l_2)$ 值，其中 l_2 对应不同列表源，l_1 是人类实验结果列表

W	PRUS f_5	PAP f_5	NCP f_5	PRUS LSA	PAP LSA	NCP LSA	PRUS LDA	PAP LDA	NCP LDA
10									
25							1		
50	2	1	2				1		1
75	2	4	3	1		1	3		1
100	4	7	9	2		2	4	2	4
150	11	14	17	2	2	2	7	3	6
300	19	24	30	2	6	3	13	8	12
600	34	25	41	4	11	12	22	15	23
1000	36	43	49	7	13	18	39	23	39

这可能看起来比较冗余，因为它还包含对我们来说兴趣较低的

随机关联——通过 EAT 获得的列表和作者的列表的比较仅包含 15 个单词。

因此，我们将人类关联列表限制为仅前 75 个单词——这也是从 EAT 获得 home 和 house 组合列表所需的长度。如表 2-4 所示。

表 2-4 不同 w 的 $LM_w(l_1, l_2)$ 值，其中 l_2 对应不同列表源，l_1 是限制为 75 个条目的人类实验结果列表

W	PRUS f_5	PAP f_5	NCP f_5	PRUS LSA	PAP LSA	NCP LSA	PRUS LDA	PAP LDA	NCP LDA
10									
25							1		
50	2		2				1		1
75	2	4	3	1		1	3		1
100	3	5	8	2		1	3		3
150	8	9	10	2	1	1	5		3
300	11	15	21	2	5	1	10	3	8
600	21	23	30	4	7	5	14	8	15
1000	22	28	33	5	9	6	23	14	22

可以看出，仅当我们使用大的窗口时，自动生成的关联列表才匹配人类关联列表的某些部分。其次，我们可以观察到 Church-Hanks 算法似乎生成了一个与人类派生列表更具可比性的列表。

EAT 中较短的单词列表（house）包含 42 个单词。40 个单词是窗口大小，其应用于作者的列表，允许我们找到 EAT home/house 组合列表和作者的 dom 实验列表共有的所有元素。因此，我们将使用 40 个单词大小的窗口进行比较。如表 2-5 所示。

正如我们所看到的，这个窗口大小似乎是最佳的，因为与完整列表相比，它大大减少了两种算法的非语义关联。

最后，我们必须测试针对组合的人工关联列表自动生成的列表，即表 2-2 中列出的包含在作者列表和 EAT 列表中的单词列表。如表 2-6 所示。

表 2-5　不同 w 的 $LM_w(l_1, l_2)$ 值，其中 l_2 对应不同列表源，l_1 是限制为前 40 个条目的人类实验结果列表

W	PRUS f_5	PAP f_5	NCP f_5	PRUS LSA	PAP LSA	NCP LSA	PRUS LDA	PAP LDA	NCP LDA
10									
25							1		
50	2		2				1		1
75	2	4	3	1		1	2		1
100	3	5	7	1		1	2		3
150	7	9	9	1		1	4		3
300	8	9	17	1	4	1	8	1	6
600	15	16	22	2	6	5	10	3	11
1000	16	20	22	3	6	6	16	6	15

表 2-6　不同 w 的 $LM_w(l_1, l_2)$ 值，其中 l_2 对应不同列表源，l_1 是人类实验结果列表，仅限于作者和 EAT 实验中都存在的单词，见表 2-2

W	PRUS f_5	PAP f_5	NCP f_5	PRUS LSA	PAP LSA	NCP LSA	PRUS LDA	PAP LDA	NCP LDA
10						1			
25						1	1		
50		1				1	1		1
75		1	3			1	3		1
100		3	3			2	3		3
150	3	4	5			2	5		3
300	4	8	5		1	2	9	2	8
600	8	12	9		2	3	12	7	13
1000	10	12	12	2	2	3	16	7	14

结果显示出类似于完整人类关联列表测试期间观察到的趋势。首先，窗口大小会影响匹配数量。第二个观察也是类似的：Church-Hanks 算法生成的列表可更好地匹配人类关联列表——它在语义上与激励相关的 15 个单词中的 10 个或 12 个匹配。

为了了解更多信息，我们重复了对更广泛词汇的比较。我们选择了八个词：chleb（面包）、choroba（疾病）、światło（光）、głowa（头）、księżyc（月亮）、ptak（胡须）、woda（水）和 żolnierz（士兵）。然后，我们使用所描述的方法来获得作者的实验和 EAT 的组合列表。如表 2-7 所示。

表 2-7 LM_w 词激励的 $LM_w(l_1, l_2)$ 值，不同的 w，其中 l_2 对应不同列表源，l_1 是人类实验结果列表，仅限于作者和 EAT 实验中都存在的条目

单词	W	PRUS f_5	PAP f_5	NCP f_5	PRUS LSA	PAP LSA	NCP LSA	PRUS LDA	PAP LDA	NCP LDA
Bread	25		1		1	1			1	
	100		4	2	1	1	1	1	2	1
	1000	1	8	3		2	2	1	3	2
Disease	25		1					1		
	100	1	3	5				1	1	2
	1000	1	9	8	1	7	2	2	8	8
Light	25	1	1				1	1		
	100	3	4	3	1	1		2	2	1
	1000	3	5	3	4	5	2	5	4	2
Head	25	1		2		1	1		1	1
	100	1	2	4		1	1	1	1	1
	1000	3	6	6	1	2	3	2	3	2
Moon	25		3	3	1		2	1		1
	100	3	4	5	1		3	1	1	2
	1000	3	4	6	4	2	5	3	3	7
Bird	25	1	2	1	1		1	1		1
	100	2	4	2	1		2	1	2	3
	1000	2	5	7	4	3	3	3	2	3
Water	25		1	2	1	1		1	1	1
	100		4	6	2	3	2	3	3	3
	1000	4	8	10	3	5	6	5	6	5
Soldier	25	2	2	2	2	1	3	2	2	3
	100	2	5	5	2	6	3	2	7	4
	1000	2	12	9	3	10	4	3	11	5

表 2-8 包含类似的比较，但不会将关联列表限制为两个实验中都包含的单词。

表 2-8 不同单词激励的 $LM_w(l_1, l_2)$ 值，不同的 w，其中 l_2 对应不同列表源，l_1 是不受限制的人类实验结果列表

单词	W	PRUS f_5	PAP f_5	NCP f_5	PRUS LSA	PAP LSA	NCP LSA	PRUS LDA	PAP LDA	NCP LDA
Bread	25	1	1	2		1	2		1	1
	100	2	5	6	1	2	5	1	3	4
	1000	4	19	12	3	4	9	5	6	8
Disease	25		1	1		1			1	
	100	1	3	7		2		1	4	4

（续）

单词	W	PRUS f_5	PAP f_5	NCP f_5	PRUS LSA	PAP LSA	NCP LSA	PRUS LDA	PAP LDA	NCP LDA
	1000	3	13	14	1	13	8	2	14	7
Light	25	2	1	1	1	1		1	1	
	100	6	6	4	3	1		6	1	1
	1000	11	15	9	10	9	3	10	9	4
Head	25	3	1	3		3	1		3	1
	100	6	6	7		5	1		5	2
	1000	17	17	12	7	9	7	4	9	7
Moon	25	1	4	6	1		2	1		3
	100	5	5	11	1	1	4	2	1	5
	1000	5	9	15	7	5	12	6	5	15
Bird	25	1	8	2	2		2	2		2
	100	3	9	5	3	2	2	4	2	3
	1000	5	13	19	8	9	9	9	9	9
Water	25	1	2	3	1	1	1	1	1	1
	100	3	7	8	2	4	3	3	4	4
	1000	9	20	21	10	9	15	14	9	17
Soldier	25	1	5	4	1	2	3	1	2	3
	100	2	11	9	4	7	6	6	8	7
	1000	3	25	22	9	20	11	8	16	10

可以看出，无论人类列表的大小如何，对应于 $f5$ 算法的列中的值明显优于相应的 LSA 值。

2.4　结论

如果查看结果，我们可能会发现它们通常与 Wandmacher ［WAN 05］和［WAN 08］的相关研究结果相当。一般而言，LSA 和 LDA 算法都会生成一个关联列表，该列表仅包含人类关联规范中存在的词法关系的一小部分。令人惊讶的是，Church-Hanks 算法做得更好，这表明应该更仔细地研究机器制造的关联如何与人类关联规范相关联的问题。第一个建议可能来自［WET 05］——我们必须更多地了解人类关联规范与文本之间的关系，以寻找比简单列表比较更合适的方法。我们认为，如果人类词典编纂者使用

Church-Hanks 算法从文本中检索的上下文来选择那些定义词义的语境，那么由三个比较算法生成的关联列表应该通过能够评估两个共现词的语义相关性的过程来过滤，或者我们将寻找一种新的共现选择方法。

第二个建议来自对人类关联列表的分析。众所周知，这样一个列表由响应组成，这些响应在语义上与激励相关，反映了语用依赖性和所谓的"铿锵响应"。但在这组语义相关的响应中，我们可以找到更频繁的直接关联，即，例如那些遵循单一语义关系的词，如"整体－部分"：房屋－墙壁（house-wall），还有不是那么频繁的间接关联，如"羊肉－羊毛"（mutton-wool，baranina-rogi），必须通过一系列语义关系来解释，在我们的示例"源"关系中，即公羊是羊肉的来源，接着是"整体－部分"关系，即角是公羊的一部分；或者关联：羊肉－羊毛（mutton-wool，baranina-wełna），由"来源"解释关系，即公羊是羊肉的来源，其次是"整体－部分"关系，fleece 是公羊的一部分，其后是"来源"关系，即 fleece 是 wool 的来源（wool 是处理后的羊毛，fleece 是处理前的羊毛——译者注）。这些关联链表明一些关联是基于语义网络的，这可能形成解释间接关联的路径。人类关联可以形成网络［KIS 73］，并且可以根据关联网络测试机器关联机制，认识到这一点将是非常有趣的。

2.5 参考文献

[BLE 03] BLEI D.M., NG A.Y., JORDAN M.I., "Latent Dirichlet allocation", *Journal of Machine Learning Research*, vol. 3, nos. 4–5, pp. 993–1022, 2003.

[BOR 09] BORGE-HOLTHOEFER J., ARENAS A., "Navigating word association norms to extract semantic information", *Proceedings of the 31st Annual Conference of the Cognitive Science Society*, Groningen, available at: http://csjarchive.cogsci.rpi.edu/Proceedings/2009/papers/621/paper621.pdf, pp. 1–6, 2009.

[BUD 06] BUDANITSKY A., HIRST G., "Evaluating wordnet-based measures of lexical semantic relatedness", *Computational Linguistics*, vol. 32, no. 1, pp. 13–47, 2006.

[CHU 90] CHURCH K.W., HANKS P., "Word association norms, mutual information, and lexicography", *Computational Linguistics*, vol. 16, no. 1, pp. 22–29, 1990.

[DEE 90] DEERWESTER S., DUMAIS S., FURNAS G. *et al.*, "Indexing by latent semantic analysis", *Journal of the American Society for Information Science*, vol. 41, no. 6, pp. 391–407, 1990.

[GAT 14] GATKOWSKA I., "Word associations as a linguistic data", in CHRUSZCZEWSKI P., RICKFORD J., BUCZEK K. *et al.* (eds), *Languages in Contact*, vol. 1, Wrocław, 2014.

[GAT 16] GATKOWSKA I., "Dom w empirycznych sieciach leksykalnych", *Etnolingwistyka*, vol. 28, pp. 117–135, 2016.

[KEN 10] KENT G., ROSANOFF A.J., "A study of association in insanity", *American Journal of Insanity*, vol. 67, pp. 317–390, 1910.

[KIS 73] KISS G.R., ARMSTRONG C., MILROY R. *et al.*, "An associative thesaurus of English and its computer analysis", in AITKEN A.J., BAILEY R.W., HAMILTON-SMITH N. (eds), *The Computer and Literary Studies*, Edinburgh University Press, Edinburgh, 1973.

[KOR 12] KORZYCKI M., "A dictionary based stemming mechanism for Polish", in SHARP B., ZOCK M. (eds), *Natural Language Processing and Cognitive Science 2012*, SciTePress, Wrocław, 2012.

[KUR 67] KURCZ I., "Polskie normy powszechności skojarzeń swobodnych na 100 słów z listy Kent-Rosanoffa", *Studia Psychologiczne*, vol. 8, pp.122–255, 1967.

[LAN 08] LANDAUER T.K., DUMAIS S.T., "Latent semantic analysis", *Scholarpedia*, vol. 3, no. 11, pp. 43–56, 2008.

[MOS 96] MOSS H., OLDER L., *Birkbeck Word Association Norms*, Psychology Press, 1996.

[NEL 98] NELSON D.L., MCEVOY C.L., SCHREIBER T.A, *The University of South Florida Word Association, Rhyme, and Word Fragment Norms*, 1998.

[ORT 12] ORTEGA-PACHECO D., ARIAS-TREJO N., BARRON MARTINEZ J.B., "Latent semantic analysis model as a representation of free-association word norms", *11th Mexican International Conference on Artificial Intelligence (MICAI 2012)*, Puebla, pp. 21–25, 2012.

[PAL 64] PALERMO D.S., JENKINS J.J., *Word Associations Norms: Grade School through College*, Minneapolis, 1964.

[POS 70] POSTMAN L.J., KEPPEL G., *Norms of Word Association*, Academic Press, 1970.

[PRZ 11] PRZEPIÓRKOWSKI A., BAŃKO M., GÓRSKI R, *et al.*, "National Corpus of Polish", *Proceedings of the 5th Language & Technology Conference: Human Language Technologies as a Challenge for Computer Science and Linguistics*, Poznań, pp. 259–263, 2011.

[RAP 02] RAPP R., "The computation of word associations: comparing syntagmatic and paradigmatic approaches", *Proceedings of the 19th International Conference on Computational Linguistics*, Taipei, vol. 1, pp. 1–7, 2002.

[RAP 08] RAPP R., "The computation of associative responses to multiword stimuli", *Proceedings of the Workshop on Cognitive Aspects of the Lexicon (COGALEX 2008)*, Manchester, pp. 102–109, 2008.

[SCH 12] SCHULTE IM WALDE S., BORGWALDT S., JAUCH R., "Association norms of German noun compounds", *Proceedings of the 8th International Conference on Language Resources and Evaluation*, Istanbul, available at: http://lrec.elra.info/

[SCH 12] SCHULTE IM WALDE S., BORGWALDT S., JAUCH R., "Association norms of German noun compounds", *Proceedings of the 8th International Conference on Language Resources and Evaluation*, Istanbul, available at: http://lrec.elra.info/proceedings/lrec2012/pdf/584_Paper.pdf, pp. 1–8, 2012.

[SIN 04] SINOPALNIKOVA A., SMRZ P., "Word association thesaurus as a resource for extending semantic networks", *Proceedings of the International Conference on Communications in Computing, CIC '04*, Las Vegas, pp. 267–273, 2004.

[WAN 05] WANDMACHER T., "How semantic is latent semantic analysis", *Proceedings of TALN/RECITAL 5*, available at: https://taln.limsi.fr/tome1/P62.pdf, pp. 1–10, 2005.

[WAN 08] WANDMACHER T., OVCHINNIKOVA E., ALEXANDROV T., "Does latent semantic analysis reflect human associations", *Proceedings of the ESSLLI Workshop on Distributional Lexical Semantics*, Hamburg, available at: http://www.wordspace.collocations.de/lib/exe/fetch.php/workshop:esslli:esslli_2008_lexicalsemantics.pdf, pp. 63–70, 2008.

[WET 05] WETTLER M., RAPP R., SEDLMEIER P., "Free word associations correspond to contiguities between words in text", *Journal of Quantitative Linguistics*, vol. 12, no. 2, pp. 111–122, 2005.

文本词如何在人类关联网络中选择相关词

Wiesław Lubaszewski, Izabela Gatkowska, Maciej Godny

传统上，研究者对实验获得的人类关联本身进行了分析，但没有关联其他语言数据。在极少数情况下，人类关联被用作评估算法性能的标准，这些算法在文本语料库的基础上生成关联。本章将描述一个机器程序，以研究在实验构建的人类关联网络中，嵌入在文本上下文中的单词是如何选择关联的。实验中产生的每个关联都存在一个从激励到响应的方向。另一方面，每个关联都基于两个含义之间的语义关系，这个语义关系具有独立于关联方向的自身方向。因此，我们可以将网络看作有向图或无向图。本章中描述的程序使用两种图结构来生成语义一致的子图。对结果进行比较表明，该程序在两种图结构上都运行良好。该程序能够区分文本中与实验中用于创建网络而使用的激励词形成直接语义关系的那些词，还能够分离文本中与激励词形成间接语义关系的那些词。

3.1 引言

很容易观察到语义信息会出现在人类交流中，而不存在于句子的词汇中。这种现象不会影响人类的理解过程，但是文本处理算法的性能可能会受此影响。比如，我们看以下这段对话：

- 阿姨，我有一只小猎狗（terrier）！
- 那很棒，但是你必须照顾好这只小动物（animal）。

这段对话的两个句子之间的连接表明，在人类的记忆中 terrier 和 animal 之间存在联系。词汇语义学家可以通过上下义关系的性质来解释这一现象，上下义关系是传递性的：成对地，一只小猎狗是一只狗，一只狗是一只小动物，表明一只小猎狗是动物［LYO 63, MUR 03］。我们甚至可以使用 WordNet 等词典自动处理这种现象。然而，在很多情况下，我们需要更复杂的推理来解码在文本中编码的信息。我们来举个例子：*The survivor regained his composure as he heard a distant barking.*（幸存者听到远处的吠叫声后恢复了镇静）。这看起来很明显，一个以英语为母语的人类读者可以很容易地解释幸存者精神状态变化的原因。例如，这个人可能会说："一只狗叫，一只狗和一个人住得很近（附属）并且一个人可能会帮助幸存者。"然而我们会发现，在发展的现阶段，使用人工构建的语义词典，如 WordNet，甚至 FrameNet，是无法做出这种推理的［RUP 10］。

然后，我们发现研究实验构建的自然词典的属性是合理的，自然词典即由词和它们之间自然偏好的语义连接组成的关联网络。有一种可靠的方法来建立这样的网络。自由词关联测试［KEN 10］（其中被测试者用与研究人员提供的激励词相关的词作出回应）将在激励词和响应词之间提供自然偏好的联系。如果我们在测试的下一阶段使用在初始阶段获得的响应作为激励来执行多相词关联测试，我们将创建一个丰富的词汇网络，其中单词与多个链接相连接［KIS 73］。

回到我们的例子，我们查找爱丁堡关联词库，这是第一个通过实验建立的大型词汇网络。我们可以在这里找到 35 个"狗"的关联词，其中包括：

狗——人、吠、乡村、宠物、枪、项圈、狗链、带领、口哨

我们看到"狗"这个词直接与"吠"和"人"联系在一起，这

几个词与"项圈""带领""狗链""宠物""枪"同时出现，这是狗－人邻近关系的属性。然后，如果我们看看在实验中建立的波兰词汇网络［GAT 14］中"狗"的关联词，我们会发现"狗"这个词不在激励词集中，它只与响应相关联，我们可以找到以下关联：

人、羊、保护者、烟—狗

正如我们在波兰网络中看到的那样，"狗"同样和"人"存在关联，而其他与"狗"相关联的词表明狗是为人类工作的。

因此，我们可以认为，对自由关联测试建立的词汇网络中的意义连接进行研究，将提供数据来解释文本中的一个词在词典中是如何连接的，以及这些连接如何（如果可能的话）提供文本中词汇缺失的信息。在该网络中观察到的一些现象可能会加强这种假设。如果我们仔细观察"狗"的关联词，我们可能会发现它们中的大多数是可以直接解释的，如狗是宠物、狗有项圈或者狗是保护者。然而，这两个列表中也有需要被证明解释的关联——我们称之为间接关联。例如，英语网络中的"狗－枪"关联可以通过基于直接可解释的关联链的推理来解释：狗是人的附属，人狩猎，人使用枪。我们可以在波兰语的"狗－烟"关联中找到类似的情况：狗是人的附属，人生火，火产生烟雾。一旦我们在网络中发现了一个间接关联，比如"狗－枪"，我们就可以在网络中寻找一条以"狗"作为开始节点，"枪"作为结束节点的路径。如果找到了这条路径，我们必须评估该路径，以确定它是否解释了"狗"和"枪"的联系。已经观察到，如果一个网络足够丰富，我们可以识别更远的关联和解释的路径，如"羊肉－角"，由路径"羊肉－公羊－羊角"解释，或者"羊肉－羊毛"关联，由路径"羊肉－公羊－羊毛（fleece）－羊毛（wool）"解释，这在波兰语网络中已被人工识别［GAT 13］。

然而，在我们开始寻找网络中的解释路径之前，我们必须开发一个可靠的机器程序，该程序将文本中的一个单词作为输入，并且可以在网络中找到与一个文本的单词最佳相关的子网络（子图），其中最佳是指：在这个子网中每个节点（单词）语义上与一个文本的单词相关。本章就描述了这样一个程序。

将要描述的程序最初被设计为在被视为无向图的关联网络上运行的程序［LUB 15］。然而，该程序所提取的子网语义一致性的评估非常令人鼓舞，因此我们决定扩展该程序，使其能够在被视为有向图的网络上同时运行。这个扩展很重要，因为它能使程序适应网络的性质——自由词关联实验中构建的网络是有向图；网络中两个节点（词）之间的每个连接都有一个方向，总是从激励词到响应词。这种扩展使我们能够真正评估一个程序。我们将比较它在有向和无向网络结构上的运行方式。

3.2 网络

本章中描述的网络是通过一个自由词关联实验［GAT 14］建立的，其中使用两组激励，每组激励处于实验的不同阶段。在第一阶段，来自 Kent-Rosanoff 列表的 62 个单词被作为初级激励进行测试。在第二阶段，对第一阶段获得的每个初级激励的 5 个最频繁的响应被用作激励。为了减少评估算法输出所需的人工劳动力，我们使用了一个简化的网络，该网络基于：

- 波兰版 Kent-Rosanoff 列表的 43 个初级激励。
- 126 个次级激励，这是每个初级激励最常见的三种关联。

900 多名受试者产生的特定激励的平均关联数约为 150。因此，作为实验的结果，168 个激励获得的激励 – 响应对的总数等于 25 200 对。由于算法产生的结果的分析需要人工操作，我们通过排除每个响应频率等于 1 的激励 – 响应对来减少关联集。结果，我们获得了 6342 对激励 – 响应对，其中 2169 对包含对初级激励的响应（即初级关联），4173 对包含对次级激励的响应（即次级关联）。最终的网络由 3185 个节点（单词）和 6155 个节点之间的连接组成。

实验构建的关联网络可以在图上描述，其中该图被定义为元组（V, E），V 是节点（顶点）的集合，E 是来自 V 的两个节点之间的连接的集合。两个节点之间的连接可以有一个权重。实验结果是一个三元组列表：（S, A, C），其中 S 是激励，A 是关联，C 是参与者的数量（它将 A 与 S 关联起来）。C 代表了关联强度，可以转换成 C_w 的连接权重，计算如下：$C_w = S_c/C$，其中 S_c 是对激励 S 给出的所有响应的总和。然后，我们可以将关联网络视为一个加权图，这是一个元组（V, E, w），其中 w 是为每个连接分配权重的函数。

由于每个激励 – 关联（响应）对都有一个方向，该方向总是从激励到响应，因此我们可以将关联网络视为有向图［KIS 73］，这意味着两个节点（$v1$, $v2$）之间的每个连接都有一个方向，即从 $v1$ 开始到 $v2$ 结束——这种连接称为弧。另一方面，如果我们认识到连接（$v1$, $v2$）是两个词的含义之间的语义关系，那么我们必须认识到激励 – 响应方向和两个含义之间的语义关系方向可能不同。让我们考虑一下这些关联：椅子——腿和腿——椅子。在这两种情况下，相关联的含义通过相同的语义关系连接，即整体 – 部分关系［MUL 03］，同时该语义关系具有从部分（如腿）到整体（椅子）的方向。对于上下义关系，也可以观察到同样的现象：从下级"小猎狗"到上级"狗"的语义，关系的方向不取决于关联"小猎狗 – 狗"或"狗 – 小猎狗"的方向。因此，我们可以将关联网络视为无向图，这意味着两个节点（$v1$, $v2$）之间的连接没有方向，即（$v1$, $v2$）=（$v2$, $v1$）。

图中的路径即由边或弧连接的节点序列。路径长度是路径中的节点数。路径权重是路径中所有连接的权重之和。两个节点（$v1$, $v2$）之间的最短路径是路径权重小于 $v1$ 和 $v2$ 之间直接连接的权重的路径。

3.3　基于文本的激励驱动的网络提取

如果网络和文本都是由单词构建的结构，那么我们可能会寻找一种有效的算法，可以在文本中识别实验中用于构建网络而使用的激励单词，以及适当数量的该激励的直接关联。文本中识别的单词可以作为从网络中提取子图的起点，该子图将包含尽可能多的关联。返回的子图的节点之间的语义关系将成为评估的主题。

更专业地说，该算法应该以图（关联网络）及其在文本中标识的节点子集（提取节点）作为输入。然后，该算法创建一个将所有提取节点作为初始节点集的子图。之后，网络中存在的提取节点之间的所有连接都被添加到结果子图中——这些连接被称为直接连接。最后，在网络中检查每个直接连接，以确定是否可以用最短路径替换，其中最短路径权重低于直接连接的权重且节点数小于或等于预定路径长度。如果找到这样的路径，它会被添加到子图中——这意味着添加该路径的所有节点和连接。如果我们将这个过程应用于大型文本集合的每一个文本，如果我们合并得到的文本子图，我们可以对为特定激励词创建的子图进行评估。

3.3.1　子图提取算法

给出路径 i 中的源图 G、提取节点 EN 和最大中间节点数。首先，创建一个空的子图 SG，并将所有提取节点 EN 添加到节点（顶点）集合 V_{sg} 中。在下一组步骤中，将创建 EN 中节点之间所有节点对的 ENP。对于 ENP 中的每一对，算法检查配对节点 $v1$、$v2$ 之间的连接是否存在于 G 中。如果存在，则该连接被添加到子图 SG 的连接集合 E_{sg} 中。然后，检查 G 中 $v1$ 和 $v2$ 之间的最短路径 sp。如果找到了最短路径 sp，即 sp 权重低于直接连接（$v1$, $v2$）的权重，并且最短路径中间节点的数量小于 i（length(sp)-2，"-2"是因为开始和结束节点不是中间节点），然后 sp 路径通过将它的节点和连接添加到适当的集合 V_{sg} 和 E_{sg} 中，而被添加到子图 SG 中。

最后，返回子图 *SG*。

NEA（G, EN, l）

输入：G—(V$_g$, E$_g$, w$_g$)—图（节点集，连接集，权重函数），EN—提取节点，l—路径中的最大中间节点数

输出：SG—(V$_{sg}$, E$_{sg}$, w$_{sg}$)—提取的子图

```
1   V_sg ← Vg;
2   E_sg ←∅;
3   w_sg ←wg;
4   ENP ←pairs(EN );
5   for each v1 , v2 ∈ ENP do
6       if conns(v1, v2) ∈ G then
7           E_sg ← E_sg+ conns(v1, v2) ;
8           sp ← shortest_path(v1, v2);
9           if weight(sp) < w_g(conns(v1, v2)) and length(sp) - 2 <= l then
10              for each v ∈ nodes(sp) do
11                  if not v ∈ V_sg then
12                      V_sg ←V_sg + v;
13                  end
14              end
10              for each e ∈ conns(sp) do
11                  if not e ∈ E_sg then
12                      E_sg ←E_sg + e;
13                  end
14              end
17          end
18      end
19  end
    return SG
```

显然，算法创建的子图的大小取决于输入端给出的提取节点的数量。由于文本中用作提取节点的特定激励的初级关联的数量可能不同，因此需要一种对网络提取算法使用的提取节点数量进行控制的程序。

3.3.2　控制流程

该流程控制提取节点 *EN* 的数量和子图 *SG* 的大小。为了用它为给定的激励建立一个子图，文本必须包含激励 *S* 和至少 *dAn* 个激励的直接关联。选择 *dAn* = 2 作为提取算法的起始值，这意味着如果文本的 *dAn* < 2，则文本会被省略。如果文本的 *dAn* ≥ 2，则该文本用于子图提取。首先，激励和 *dAn* = 2 个初级关联作为提取节点传递给网络提取算法 NEA。然后，计算返回的子图中的节点

数。在下一步中，*dAn* 增加 1，新的一组提取节点被传递给 NEA。评估返回的子图大小，即基于 *dAn* + 1 的子图的节点数乘以子图大小控制参数 *Ss*，该参数告诉我们在为 *dAn* + 1 创建的子图中必须存在基本子图的比例，基本子图即 *dAn* = 2 的起始值创建的子图。例如，*Ss* = 0.5 意味着来自基本子图的至少一半节点必须保留在 *dAn* 递增后创建的子图中。如果新创建的子图与 *Ss* 设置的条件不匹配，则流程停止，并且在上一步骤中创建的子图成为特定文本的最终结果。如果新创建的子图与 *Ss* 设置的条件匹配，则 *dAn* 增加 1，并创建一个新的子图。

3.3.3　最短路径提取

图 3-1 和图 3-2 表示实验网络的子集，分别被视为有向图和无向图。每个图都由 *chleb*（bread）、*masło*（butter）、*jedzenie*（food）、*ser*（cheese）、*mleko*（milk）、*dobry*（good）、*kanapka*（sandwich）和 *żółty*（yellow）等节点组成，这些节点通过自由词关联实验产生的连接而关联起来。

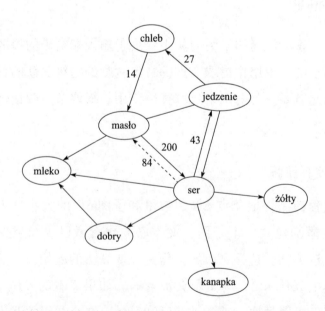

图 3-1　有向网络的最短路径（有关此图的彩色版本，请参见 www.iste.co.uk/sharp/cognitive.zip）

图 3-1 表示规范化有向网络的概念，如果可以找到比直接连
接两个节点的路径更短的路径。在这种情况下，"更短"意味着
路径连接的权重总和小于直接连接的权重。在这个特定的例子
中，节点之间的虚线连接取代了原来的黑色连接。这是因为路径
ser→jedzenie→chleb → masło 的权重总和为 84，低于节点 masło → ser
的直接连接权重 200。

同样的推理也适用于由无向权重图表示的实验网络（图 3-2）。

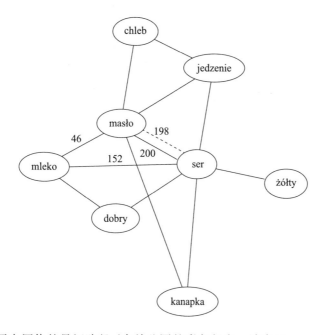

图 3-2　无向网络的最短路径（有关此图的彩色版本，请参见 www.iste.co.uk/
sharp/cognitive.zip）

在无向图的情况下，我们将其视为节点之间具有对称连接的有
向图，即 $(v1, v2) = (v2, v1)$。从图 3-2 中我们可以看到，ser-masło
连接被与有向图相同的路径 ser-jedzenie-chleb-masło 替换，并且
找到了 ser-masło 连接的另一条最短路径，即路径 masło-mleko-
ser，其路径权重为 198，小于 200（即 ser-masło 直接连接的权重）。

在这两种情况下，都应用了 Dijkstra 的经典最短路径算法。然

而，子图提取算法 NEA 将拒绝任何不满足 i 参数设置的最短路径。

3.3.4   基于语料库的子图

首先，为语料库中的每个文本创建每个初级激励的单独子图。所有子图都是用经验调整的参数［HAR 14］获得的，例如：对于提取算法，$i = 3$ 路径中的中间节点，以及激励最小值 $dAn = 2$ 的直接关联，控制程序有一个调整参数为 $Ss = 0.5$ 的子图。然后，针对特定初级激励获得的基于文本的子图被合并到基于语料库的初级激励子图中，即所有节点集和所有边集被合并，形成一个多集的并集。最后，修剪了基于语料库的初级激励子图，这意味着从最终子图中移除了所有未连接的节点，并且简化了激励和末端节点之间具有两条以上边的每个开放路径（末端节点未连接的路径），以符合网络形成原理，即激励（A）产生关联（B），然后该关联（B）作为激励产生关联（C）。之后，简化的路径采用 A-B-C 的形式。

3.4   网络提取流程的测试

3.4.1   进行测试的语料库

为了测试最初的程序，我们使用了三个文体和主题不同的语料库，即由包含 2 900 000 多个单词的波兰新闻社的 51 574 篇新闻稿组成的 PAP 语料库、由 3363 个独立文档组成的涵盖 860 000 多个单词的波兰国家语料库的子语库，以及由著名小说家博勒斯·普鲁斯写的 10 篇短篇小说和长篇小说《玩偶》组成的文学文本语料库。这三个语料库都使用基于词典的方法［KOR 12］进行了词性还原。这一流程在这三个语料库上都表现很好。然后，我们决定在最大的语料库上进行下面描述的测试，即 PAP 测试。

3.4.2   提取子图的评估

为了评估提取的子图的质量，我们将使用两个独立的评估标准：

第一，测试子图的语义一致性，第二，测试子图如何匹配文本集合。

1. 子图的语义一致性

为了进行评估，我们要人工评估用于构建网络的 6342 个激励－响应对中的每一对。评估是必要的，因为观察到自由词关联实验可能产生所谓的铿锵关联，即听起来像激励或与激励押韵的单词，如 house-mouse，以及习语完成关联，如 white-house，它们形成了一个多部分词汇单位，因此没有反映激励和响应之间的含义关系［CLA 70］。我们扩展了这一观察，将所有引入专有名称的关联，如 river-Thames，以及不太频繁的指示关联，如 girl-me 视为非语义关联。

评估如下。如果激励在语义上与响应相关，如 *dom-ściana*（house-wall），则该对被标记为语义的，否则该对被认为是非语义的，如 *góra-Tatry*（mountain- 专有名称）或者 *dom-mój*（house-my）。

然后，按照以下方式沿着路径连续评估子图节点。如果两个连接的节点匹配标记为语义的激励－响应对，那么右边的节点标记为语义的（Sn）。如果两个连接的节点匹配非语义激励－响应对，那么右边的节点被标记为非语义的（nSn）。如果两个连接的节点不匹配任何激励－响应对，除了原则上是语义节点的激励节点，那么两个节点都被标记为 nSn。在评估路径的最后一对之后，评估路径的起始节点（激励）和结束节点的连接，以检查路径的语义一致性。因此，非语义节点 nSn 被认为是与起始节点（激励）没有语义关系的任何末端节点（关联），即使它与前一个节点有语义关系，如路径 krzesło-stół-szwedzki（椅子－桌子－瑞典），其中成对的 krzesło-stół 和 stół-szwedzki 形成语义关系，但是激励 krzesło（"椅子"）与关联 szwedzki（"瑞典"）不形成语义关系。

2. 匹配子图和文本集合

为了评估提取的子图与文本集合的关系，我们必须将包含特定激励的每个文本与为此激励提取的子图进行匹配。然后，我们必须计算文本和子图 SnT 中识别的网络节点（单词）数。之后，我们必须以文本为背景，将整个直接关联集与网络中出现的特定激励匹配起来。这样做是为了识别网络中存在但被算法拒绝的网络节点（单词），因此这些节点不存在于子图 TnS 中。

3.4.3 有向和无向子图提取：对比

现在，我们可以呈现每个初级激励的结果，其中每个初级激励词的子图都被评估过。为了比较针对每个激励提取的有向和无向子图，我们将使用子图评估过程中获得的所有数据，即：

- Sn：算法创建的子图中的节点数；
- nSn：通过子图评估识别的子图中非语义节点的数量；
- SnT：文本和子图中识别的网络节点（单词）数量；
- TnS：文本中存在但被算法拒绝的网络节点（单词）数量，因此不存在于子图中。

在我们开始评估每个激励之前，我们必须展示 43 个激励的联合评估结果。为了做此分析，我们必须确定网络中的节点总数——Nn。表 3-1 显示了基于 PAP 语料库的所有子图的联合结果。

表 3-1 43 个激励的联合评估

激励	Nn	Sn	nSn	SnT	TnS	图类型
43	3185	898	65	710	38	无向图
43	3185	878	64	788	64	有向图

如果我们观察表 3-1，比较网络节点 Nn 的数量以及 SnT（在文本中检索的网络节点，以提取子图）和 TnS（存在于文本中但被算法拒绝的网络节点）的总和，我们可以发现网络中存在的节点（单词）只有一小部分出现在大的文本集合中——无向网络比率为 0.234，有向网络为 0.267。这个分数明显低于子图节点 Sn 与网络节点 Nn 的比率：对于无向网络，该比率为 0.281；对于有向网络，

该比率为 0.275。可以说，这些数字显示了语言词典（网络）和使用词典制作文本之间的关系。nSn 值（子图中的非语义节点）显示，子图中的非语义节点在无向网络和有向网络中仅占总子图节点的0.072。这个结果显示了经验构建的关联网络的语义一致性，以及本章描述的构建子图的谨慎方法的质量。

最后，Sn、SnT 和 TnS 的大小差异可能反映了有向图结构和无向图结构之间的差异，这对使用文本中的单词来提取子图产生了影响。稍后我们将提供详细的分析。

3.4.4　每个激励产生的结果

如果我们观察每个特定初级激励获得的结果，就可能对结果进行更详细的评估。这些结果显示在表 3-2 中。

表 3-2　每个初级激励词的评估

激励	有向网络				无向网络			
	Sn	nSn	SnT	TnS	Sn	nSn	SnT	TnS
baranina "mutton"	3	0	3	0	5	0	4	0
chata "cottage"	7	1	6	0	10	0	8	0
chleb "bread"	17	2	16	4	17	0	15	0
chłopiec "boy"	19	1	19	0	22	0	13	1
choroba "illness"	41	2	30	1	30	1	22	0
doktor "doctor"	19	2	17	2	24	0	13	0
dom "house/home"	51	1	51	4	35	1	32	0
dywan "carpet"	3	0	3	0	7	1	5	0
dziecko "child"	51	7	46	2	27	5	26	0
dziewczyna "girl"	14	2	12	0	9	0	7	0
głowa "head"	28	1	28	0	27	3	30	0
góra "mountain"	28	2	26	0	20	4	11	1
jedzenie "food"	27	4	23	1	22	2	13	0
kapusta "cabbage"	13	2	10	2	11	2	6	0
król "king"	14	1	14	2	15	0	13	1
krzesło "chair"	6	2	4	1	7	2	3	0
księżyc "moon"	15	0	15	4	18	0	15	0
lampa "lamp"	5	0	5	1	4	0	4	0
łóżko "bed"	11	2	7	2	7	1	7	1

（续）

激励	有向网络				无向网络			
	Sn	nSn	SnT	TnS	Sn	nSn	SnT	TnS
mężczyzna "man"	33	2	33	6	61	5	38	0
miasto "city"	32	2	32	0	37	3	31	2
mięso "meat"	33	3	28	3	36	1	28	1
motyl "butterfly"	3	0	3	1	12	1	8	0
obawa "fear"	12	1	10	0	10	1	6	0
ocean "ocean"	9	0	8	0	17	1	16	0
okno "window"	22	5	16	1	25	3	16	0
orzeł "eagle"	15	1	15	0	14	1	10	0
owca "sheep"	15	2	11	4	19	2	19	3
owoc "fruit"	27	2	26	0	30	3	15	1
pająk "spider"	3	0	3	0	5	1	4	0
pamięć "memory"	24	1	20	2	22	0	32	3
podłoga "floor"	14	3	11	1	8	1	4	0
praca "work"	54	2	48	2	56	6	44	3
ptak "bird"	20	0	20	1	23	1	19	1
radość "joy"	19	1	16	1	25	0	26	9
ręka "hand"	33	5	29	0	10	1	12	1
rzeka "river"	24	1	19	2	20	1	19	2
ser "cheese"	8	0	7	1	10	0	8	0
sól "salt"	9	0	9	0	17	2	10	0
światło "light"	16	0	14	0	12	2	11	3
woda "water"	48	0	42	4	68	8	43	4
wódka "vodka"	10	1	10	4	10	0	10	0
żołnierz "soldier"	23	0	23	3	34	0	34	1

联合评估表明，在无向网络上运行的程序会产生稍大的子图。然而，如果我们看一下图 3-3 中每个激励的差异（图 3-3 比较了有向网络和无向网络的子图大小），我们可能会发现任何差异似乎都依赖于激励。图 3-3 显示，两个网络的 Sn 大小同时增加，只有 dziecko "child"（+24）、ręka "hand"（+23）、dom "home/house"（+16）、choroba "illness"（+11）、żołnierz "soldier"（-11）、woda "water"（-20）和 mężczyzna "man"（-28）的 Sn 可能反映了网络结构的差异。我们必须补充的是，列出的单词并不具有实质性的语义特征。

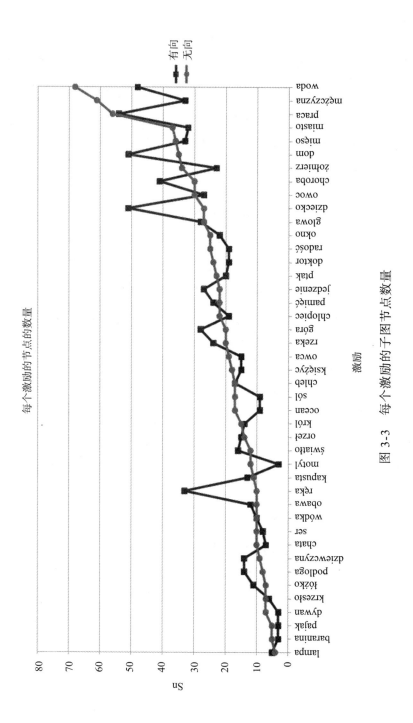

图 3-3　每个激励的子图节点数量

比较子图大小后，我们可以分析子图中的负节点 nSn。这可以在图 3-4 中看到，图 3-4 显示了每个激励的 nSn-Sn 比；激励按子图大小排序。我们可以看到，从无向网络中提取的 43 个子图中只有 17 个子图不包含非语义节点；而对于有向网络，只有 13 个子图。有趣的是，只有 5 个激励词，即 baranina "mutton"、księżyc "moon"、lampa "lamp"、ser "cheese" 和 żołnierz "soldier" 在这两个网络结构中共享这一属性。nSn/Sn 比值的差异似乎与网络结构有关。

乍看之下，我们可以说 SnT 和 TnS 的激励状态对于有向网络和无向网络来说似乎相似。SnT（在文本中检索到的子图节点）大小的差异可以在表 3-2 中观察到，这似乎是随机的和依赖于语料库的。例如，激励词 dywan（carpet）只出现在 7 个文本中，其中只有两个足够丰富，可以提供提取节点（激励词和两个直接关联）。使用 SnT 单词来创建子图可能取决于有向或无向网络结构；然而，没有单独的研究，我们无法证明这一点。

最后，我们必须分析 TnS，即网络和文本中都存在但子图中不存在的关联，因为算法拒绝了它们。首先，我们可以观察到，在有向网络上运行的算法拒绝了更多的文本出现节点，这可能与有向网络较少的子图节点相关。第二个观察结果是，对于有向和无向网络，只有 10 个激励具有被拒绝的文本出现节点。看一下这些被拒绝的网络节点似乎是合理的。表 3-3 显示了所有 10 种激励被拒绝节点的完整列表。为了节省空间，我们将只使用被拒绝节点的英文翻译。

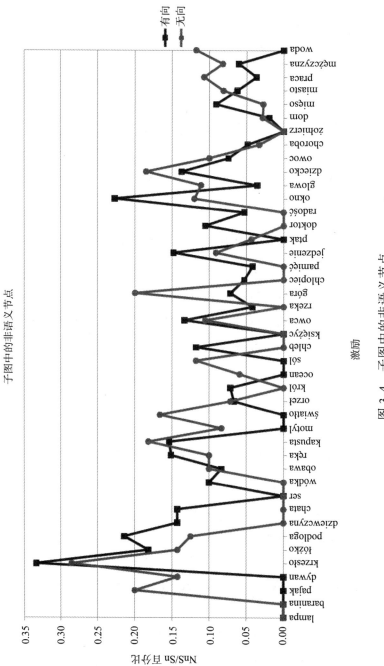

图 3-4　子图中的非语义节点

表 3-3   10 个激励的被拒绝节点

激励	无向网络	有向网络
król "king"	law	kingdom, scepter
mięso "meat"	breakfast	pork, beef, cow
owca "sheep"	*horns, meat, baby sheep	meadow, mountain, skin, wool
pamięć "memory"	work, *mark, *will	limited, permanent
praca "work"	machine, *decision, hand	relax, difficult
radość "joy"	heartfelt, fear, to enjoy, disappointment, despair, big, disaster, worry, joyful	oda
rzeka "river"	*air, *earth	stream, *forest
światło "light"	lightness, reading, room	darkness, white
woda "water"	depth, salt, *sand, wave	thirst, *desert, drink, wet
żołnierz "soldier"	military	bravery, drill, *sea

当查看在两个网络上运行的算法所拒绝的节点时，我们发现所有单词都在语义上与一个激励相关，对于其中的大部分，我们可以直接解释激励和关联之间的联系。例如，对于无向网络，king "制定/执行"了一个法则（law），king "拥有"一个王国（kingdom），王权（scepter）是 king 的"属性"。然而，其中一些被拒绝的节点（标有星号）与激励没有直接联系，如绵羊（sheep）- 角（horns）、水（water）- 沙漠（desert），但我们可以通过一系列直接联系来解释它们，即绵羊 - 公羊 - 角和水 - 渴 - 搜索 - 沙漠。也就是说，所有标有星号的单词与激励的关联方式与间接关联方式相同。因此，我们可以说本章描述的方法可能有助于识别网络中存在的间接关联。先人工检查被算法拒绝的节点的短列表，然后再人工检查整个网络要容易得多。一旦间接关联被识别，我们可能会很容易地构建一个自动程序来寻找解释这些间接关联的路径。

3.5   对结果和相关工作的简要讨论

我们所提出的文本驱动的关联网络提取方法对图的操作简单而且谨慎。由激励词如在文本中出现次数很少的 pająk "spider"、lampa "lamp" 和 dywan "carpet"，提取的子图的质量似乎证明了提取算法并不依赖于用于网络提取的文本数量。如果这是真的，则该算法可以用作基于单个文本提取关联网络的可靠工具，单个文本可以提供数据来研究在文本中检索的特定直接关联如何影响子图的大小和内容。也就是说，如果文本用直接关联 krzesło "chair" 代替直接关联 ulica "street"，我们可以观察 lamp 的子图（图 3-5）会如何变化，直接关联 krzesło "chair" 有自己的子图，如图 3-6 所示。

lampa 的子图包括由文本 ulica "street"、żarówka "light bulb"、światło "light" 提供的直接连接的节点和算法增加的 żarówka-światło 连接。

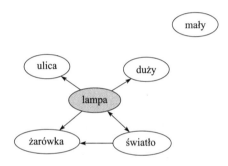

图 3-5　lampa "Lamp" 的子图（有关此图的彩色版本，请参见 www.iste.co.uk/sharp/cognitive.zip）

krzesło 的子图包括直接连接的节点：文本提供的 stół（table）、dom（home）、stary（old），文本添加的 obiad（dinner）、rodzinny（family）和算法添加的 obiad（dinner）、rodzinny（family）。

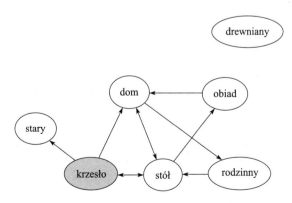

图 3-6　krzesło "chair" 的子图（有关此图的彩色版本，请参见 www.iste.co.uk/sharp/cognitive.zip）

对单个文本的研究似乎是合理的，因为人类读者只理解文本，而不是文本集合。将使用我们的方法一字一字地提取的文本图与仅基于文本集合构建的文本图（例如，[LOP 07, WU 11, AGG 13]）进行比较是很有趣的。这应该是进一步调查的主题。

在子图提取过程中对算法拒绝的单词的分析表明，文本驱动的网络提取过程可以作为一种工具来提供数据，从而定位大型网络中的间接关联。这是一项非常难以手动完成的任务。识别了间接关联后，我们可能会自动搜索网络以找到解释这些间接关联的所有路径。这些解释路径可能会给克拉克[CLA 70]分析的人类关联机制的研究带来新的数据。

然而，如果我们从模拟人类推理的计算机程序的角度来看一个关联网络，我们会发现，实验获得的两个单词之间的联系并不能提供关于这种联系的含义的明确信息。然而，看起来很清楚的是，在本章引言的例子中，只有类似狗与人的关系的明确信息可以作为幸存者心理状态推理的基础。这意味着我们必须对词与词之间的联系进行分类，以使网络可用于计算机程序进行类似于人类的推理。我们将不讨论可能的分类方法（例如[DED 08, GAT 15]），但我们必须强调，正确的分类必须认识到词汇网络中两个节点之间的连接反映了网络中构成特定类型，如狗、花或特定的集合，如furniture、water结构[SOW 00]的特征。

最后，我们必须认识到为什么实验构建的关联网络与从文本集合中自动构建的网络不完全匹配。自从Rapp[RAP 02]的一项有影响力的研究以来，一个实验构建的关联网络成为评估由不同统计算法产生的关联的标准，这些算法仅在文本集合上运行（例如，[WAN 08, GAT 13, UHR 13]）。文本生成的关联反映了文本连续性[WET 05]。然而，需要补充的是，与文本衍生的关联相反，自由词关联实验获得的关联代表了定义词汇意义的特征。如果比较在波兰报纸文本集上运行的Wortschatz算法的结果[BIE 07]，我

们可以发现单词 dom（home/house）与许多不同的动词相关联，如
kupić（buy）、uderzyć（hit）、wybudować（build）、spłonąć（burn）、
stoi（standing）、wjechał（struck）、zniszczyć（destroy）和 mieć
（possess），这些可能与许多不同的对象相关联。同时，在文中描述
的实验网络中，dom 与单个动词 mieszkać（to dwell）相关联，并
且这个特殊的动词特指 dom，因为"to dwell"定义了对象的目的
地和名为 dom 的位置。

3.6　参考文献

[AGG 13] AGGARWAL C.C., ZHAO P., "Towards graphical models for text processing", *Knowledge and Information Systems*, vol. 36, no. 1, pp. 1–21, 2013.

[BIE 07] BIEMANN C., HEYRER G., QUASTHOFF U. *et al.*, "The Leipzig Corpora Collection – Monolingual corpora of standard size", *Proceedings of Corpus Linguistics 2007*, Birmingham, pp. 1–12, 2007.

[CLA 70] CLARK H.H., "Word associations and linguistic theory", in LYONS J. (ed.), *New Horizons in Linguistics*, Penguin Books, Harmondsworth, 1970.

[DED 08] DE DEYNE S., STORMS G., "Word associations: network and semantic properties", *Behavior Research Methods*, vol. 40, no. 1, pp. 213–231, 2008.

[GAT 13] GATKOWSKA I., KORZYCKI M., LUBASZEWSKI W., "Can human association norm evaluate latent semantic analysis", in SHARP B., ZOCK M. (eds), *Proceedings of the 10th International Workshop on Natural Language Processing and Cognitive Science 2013*, Marseille, 2013.

[GAT 14] GATKOWSKA I., "Word associations as a linguistic data", in CHRUSZCZEWSKI P., RICKFORD J., BUCZEK K. *et al.* (eds), *Languages in Contact*, vol. 1, Wrocław, 2014.

[GAT 15] GATKOWSKA I., "Empiryczna sieć powiązań leksykalnych", *Polonica*, vol. 35, pp. 155–178, 2015.

[HAR 14] HARĘZA M., Automatic text classification with use of empirical association network, Master Thesis, AGH, University of Science and Technology, Kraków, 2014.

[KEN 10] KENT G., ROSANOFF A.J., "A study of association in insanity", *American Journal of Insanity*, vol. 67, no. 2, pp. 317–390, 1910.

[KIS 73] KISS G.R., ARMSTRONG C., MILROY R. *et al.*, "An associative thesaurus of English and its computer analysis", in AITKEN A.J., BAILEY R.W., HAMILTON-SMITH N. (eds), *The Computer and Literary Studies*, Edinburgh University Press, 1973.

[KOR 12] KORZYCKI M., "A dictionary based stemming mechanism for Polish", in SHARP B., ZOCK M. (eds), *Proceedings of the 9th International Workshop on Natural Language Processing and Cognitive Science 2012*, Wrocław, 2012.

[LOP 07] Lopes A.A., Pinho R., Paulovich F.V. *et al.*, "Visual text mining using association rules", *Computers and Graphics*, vol. 31, pp. 316–326, 2007.

[LUB 15] Lubaszewski W., Gatkowska I., Haręza M., "Human association network and text collection", in Sharp B., Delmonte R. (eds), *Proceedings of the 12th International Workshop on Natural Language Processing and Cognitive Science 2015*, De Gruyter, Berlin, 2015.

[LYO 63] Lyons J., *Structural Semantics. An Analysis of Part of the Vocabulary of Plato*, Blackwell, Oxford, 1963.

[MUR 03] Murphy M.L., *Semantic Relations and the Lexicon*, Cambridge University Press, Cambridge, 2003.

[RAP 02] Rapp R., "The computation of word associations: comparing syntagmatic and paradigmatic approaches", *Proceedings of the 19th International Conference on Computational Linguistics*, vol. 1, Taipei, pp. 1–7, 2002.

[RUP 10] Ruppenhofer J., Ellsworth M., Petruck M.R.L. *et al.*, *FrameNet II: Extended Theory and Practice*, Berkeley University, 2010.

[SOW 00] Sowa J.F., *Knowledge Representation. Logical, Philosophical, and Computational Foundations*, vol. 13, Brooks/Cole, Pacific Grove, 2000.

[UHR 13] Uhr P., Klahold A., Fathi M., "Imitation of the human ability of word association", *International Journal of Soft Computing and Software Engineering*, vol. 3, no. 3, pp. 248–254, 2013.

[WAN 08] Wandmacher T., Ovchinnikova E., Alexandrov T., "Does latent semantic analysis reflect human associations", *Proceedings of the ESSLLI Workshop on Distributional Lexical Semantics*, Hamburg, 2008.

[WET 05] Wettler M., Rapp R., Sedlmeier P., "Free word associations correspond to contiguities between words in text", *Journal of Quantitative Linguistics*, vol. 12, no. 2, pp. 111–122, 2005.

[WU 11] Wu J., Xuan Z., Pan D., "Enhancing text representation for classification tasks with semantic graph structures", *ICIC International*, vol. 7, no. 5(b), pp. 2689–2698, 2011.

反向关联任务

Reinhard Rapp

自由词关联是指在某个激励词出现时，人类主体不由自主联想到的单词。研究者们在进行包含了上千个测试对象的实验后，收集到了大量的关联词响应数据。在以往的文献中，通过对大型文本语料库中词语共现性的数据统计分析，发现人类的词汇关联之间是相似的。在这一章，我们探讨它的反向问题，即能否通过响应词来预测激励词。我们称之为反向关联任务，并且提出了一种处理它的算法。我们还收集了人类处理反向关联任务的数据并且将其与机器生成的结果进行了比较。

4.1 引言

词汇关联在心理学学习理论中一直扮演着重要的角色，人们对于词汇关联所做的工作除了理论研究之外，还有很多实验，如从人类调查者中收集词汇关联数据。我们给予调查者带有一系列激励词的问卷，然后让他们写下对于每一个激励词他们最先想到的关联词。

这样就形成了词关联的集合，称之为关联规范，如表 4-1 所示。最著名的词汇关联规范有爱丁堡关联词库（EAT）［KIS 73］、明尼苏达词汇关联规范［JENTO，PAL 64］以及南佛罗里达大学自由词关联规范，最近，研究者们尝试用众包（crowd sourcing）

的方式来收集多种语言的词汇关联数据（Jeux de mots[⊖]和 Word Association Study[⊜]）。这样研究者们就可以收集到比以前更大的数据集。

表 4-1 来自爱丁堡关联词库的三个激励词的前 10 个关联示例（与该词对应的测试数目列于括号内）

CIRCUS	FUNNY	NOSE
clown (24)	laugh (23)	face (16)
ring (10)	girl (11)	eyes (12)
elephant (6)	joke (8)	mouth (11)
tent (6)	laughter (6)	ear (10)
animals (5)	amusing (4)	eye (6)
top (5)	hilarious (4)	throat (4)
boy (4)	comic (3)	smell (3)
clowns (3)	ha ha (3)	bag (2)
horse (2)	ha-ha (3)	big (2)
horses (2)	sad (3)	handkerchief (2)

关联理论最早可以追溯到古希腊的亚里士多德时期，关联理论指出人类的联想往往会受到经验的支配。例如：在一个多世纪前，威廉·詹姆斯［JAM 90］在他的著作《心理学原理》中阐明了这一点，如下：

"曾经一起出现过的物体往往会在想象中关联起来，因此当它们中任何一个被想到时，其他的也很有可能会被想到，并且想到的顺序也会是先前出现或者存在的顺序。我们将这个理论命名为心理关联定律（The Law of Mental Association）。"

这篇引文是关于物质对象的，然而问题在于：对于文字而言，同样的理论是否也适用呢？随着语料库语言学的出现，通过文本中单词的分布情况来进行实验验证这一点成为可能。最初将这一理论付诸实践的是［CHU 90］、［SCH 89］和［WET 89］

⊖ http://www.jeuxdemots.org/jdm-accueil.php。
⊜ https://www.smallworldofwords.org/en。

　　他们的基本假设是：在文本语料库中，强关联词经常出现在距离较近的位置。这实际上已经被语料库证据所证实：在图 4-1 中，将每一个激励词的位置设置为 0，并在 –50 和 +50 个词之间的相对距离处显示其初级关联响应词（测试人员所定义的最频繁的响应词）的出现频率。但是，为了得到一个综合的数据图和避免个例的影响，图 4-1 并不是简单地基于一对激励词 / 响应词的，而是采用了 100 对德语激励词 / 响应词的平均值（如罗素和梅塞克所采用的［ RUS 96 ］）。其结果与预期是一致的：当越接近激励词时，初级关联响应词出现的可能性就越大。仅仅在 +1 或者 –1 的距离时才有例外，不过这属于人为因素，因为实词通常被虚词所分隔开，在这 100 个主要的响应词中没有虚词。除此之外，测试人员通常只选择实词。

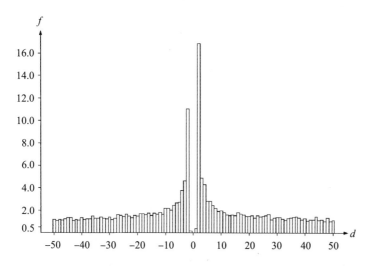

图 4-1　在与一个激励词的距离 d 处出现初级关联词的频率 f（取自 100 个激励 / 响应对的平均值［ RAP 96 ］）

　　虽然这个设想是我们工作的基础，但是在本章中，我们讨论的重点却不仅仅是通过激励词来预测响应词，而且要通过响应词来预测激励词。据我们所知，这一尝试是在之前类似的（分布式语义）框架中从未有过的，所以我们并没有任何与此直接相关的文献可以借鉴。

不过这项任务在一定程度上与同时给出几个激励词时的关联计算有关，这有时候被称为多激励或者多词关联［RAP 08］，或者远程关联测试（Remote Association Test，RAT）。最近，史密斯（Smith）等人［SMI 13］发表了一篇著名的关于远程关联测试的文章，给予了其他相关工作者一些启发。这篇文章将此方法应用于需要考虑多约束条件的问题中，如根据薪资、地点和工作描述来选择工作。另一个是格里菲斯（Griffths）等人的文章［GRI 07］，他们假设：通过推断句子的主旨，并且使用该主旨预测相关概念和消除歧义词，可有利于从记忆中检索概念。他们使用主题模型来实现此目的。

我们的方法与以前工作的不同之处在于，它专注于一项相关但又不同且定义特别明确的任务。在我们的方法中，我们消除了所有（针对这个特定任务）不必要的复杂性，如潜在语义分析（我们在先前的工作中广泛使用）和主题建模，从而产生了一种既简单又高效的算法。例如，根据格里菲斯等人［GRI 07］文章中的报告，对于预测第一关联，他们的预测正确率是 11.54%。在文章［RAP 08］中，使用了各种语料库和数据库进行评测，但是预测正确率均低于 10%。而上述史密斯等人的文章［SMI 13］根本没有这样的预测结果数字。相比之下，我们所提出方法的最佳预测正确率是 54%（见 4.3.3 节）。应该强调的是，所有的比较都必须谨慎对待，由于在这方面没有通用的黄金标准，因此研究者们都使用的是不同的测试数据集合和不同的语料库。还需要注意的一点是，与这些相关工作不同的是，我们的侧重点是新的反向关联任务，这个任务让我们获得了拥有前所未有的质量和数量的测试数据（可以使用任何单词关联规范）。

实质上，本文是［RAP 13］的一个扩展版本，结构如下：首先在第一部分，我们研究了如何计算单个激励词的关联词，这为第二部分奠定了基础。在第二部分，我们反转了视角，依据关联词来计算激励词。在第三部分，我们想了解人类对于反向关联任务的表现如何，为此我们进行了反向关联实验，收集了人类对于反向关联任务的响应。最后，我们比较了人类和机器分别对于反向关联任务的表现情况。

4.2　计算前向关联

4.2.1　步骤

正如引言中所讨论的那样，我们假设从人类受试者中收集到的单词关联数据与语料库中观察到的单词共现之间存在着某种关系。我们使用了爱丁堡关联词库 EAT［KIS 73, KIS 75］作为人类数据的来源，这是在本领域中最经典的数据集⊖。爱丁堡关联词库包含有英国学生对于 8400 个激励词的关联响应数据，对于每个激励词有大约 100 个左右的关联响应词。但是由于在这些激励词中有一些是我们不需要的多词单元，我们移除了这一部分激励词，所以数据集中还剩下大约 8210 个词的数据。

为了获得所需的单词共现计数，我们想要找到一个尽可能具有代表性的语料库，作为测试 EAT 数据的语言环境。因此我们选择了英国国家语料库（British National Corpus，BNC），这是一个包含了 1 亿条书面以及口语数据的语料库，其目的是提供一个均衡的英式英语样本［BUR 98］。英国国家语料库的数据在时间线上离我们并不是很近（1960 ～ 1993 年），因此也包含了爱丁堡关联词库中数据收集的时间（1968 年 6 月 ～ 1971 年 5 月），这对于我们来说也是一个好处。

因为在进行单词语义的分析中虚词并不太重要，所以我们将它们从文本中删除，以节省内存和减少处理的时间。大概删除了 200

⊖　通过在线游戏（www.wordassociation.org），我们收集了一个更大型的数据集（尽管这个数据集中噪声数据会比较多）。

个英文虚词。我们还使用了 Karp 等人［KAR 92］所提供的完整形式的词典对语料库进行了词性还原，这不仅改善了数据稀疏的问题，而且还显著地降低了共现矩阵的计算规模。由于大多数词的形式对它们的原型词来说都是比较明确的，所以我们只进行了不考虑词的上下文的局部词形还原，从而使得相对较少的词与几个可能的原型词保持不变。并且为了保持一致性，我们对整个爱丁堡关联词库进行了同样的词形还原，需要注意的是，爱丁堡关联词库中只含有孤立的词，在这种情况下，要想使用考虑单词上下文的词形还原是不可能的。

与大多数其他研究一样，为了计算单词的共现数，我们选择了一个固定大小的窗口，通过计算就可以确定在这个固定大小的文本窗口之中每一对词的共现数。确定窗口大小通常意味着在两个参数之间进行权衡：特殊性和稀疏数据问题。窗口选择得越小，窗口内单词之间的关联关系就越突出，但是数据稀疏性问题就越严重。我们使用了大小为 ±2 的窗口，虽然看起来相当小，但是十分合理，因为我们使用的是大型语料库，并且对语料库进行了词性还原，这样就降低了数据稀疏性的影响。还应注意的是在消除虚词影响之后，在处理原始数据（假设第二个词都是虚词）时，窗口大小为 ±2 的处理效果与窗口大小为 ±4 的效果一样。

在窗口大小为 ±2 的基础下，我们计算了语料库的共现矩阵，并且通过将其存储为一个稀疏矩阵，可以将英国国家语料库（BNC）中的大约 375 000 个原型词都包括在内。

虽然基于原始的单词共现计数方法可以成功地计算词关联，但是我们发现，当使用某些函数对观察到的共现计数进行变换之后，结果仍可以得到改善。故而我们选择使用对数似然比（log-likelihood ratio）作为关联度量（association measure）来进行处理，它将观察的共现计数同预期的共现计数进行比较，在加强重要词对的同时也削弱了偶然出现词对。在本文的其余部分，我们将经过对数似然比函数变换过的共现向量和共现矩阵称为关联向量和关联矩阵。

4.2.2　结果和评估

为了计算给定激励词的关联词，我们观察上述方法中所计算的关联向量，并根据关联强度对词汇表中的词进行排序。表 4-2（右边的两列）举例说明了 cold4[⊖] 的关联结果。为了进行比较，左边两列列出了来自爱丁堡关联词库（EAT）中的响应词，两个列表中都出现的单词以粗体显示。可以看出，特别是测试人员所响应的最频繁的词在模拟中得到了很好的预测：在前 8 个实验响应中，有 6 个可以在计算的响应中得到。

表 4-2　对激励词 cold 的观察和计算关联响应的比较（匹配词用粗体字；没有进行词性还原；从大写词转到小写）

观察到的响应词	数量	计算的响应词	数量
hot	34	**water**	5
ice	10	**hot**	34
warm	7	weather	0
water	5	**wet**	3
freeze	3	blooded	0
wet	3	**ice**	10
feet	2	air	0
freezing	2	**winter**	2
nose	2	**freezing**	2
room	2	bitterly	0
sneeze	2	damp	0
sore	2	wind	0
winter	2	**warm**	7
arctic	1	felt	0
bad	1	**war**	1
beef	1	night	0
blanket	1	icy	0
blow	1	**heat**	1
cool	1	shivering	0
dark	1	cistern	0

⊖　与本章提出的所有其他结果相比，为了不丢失信息，本表基于一个未进行词性还原的语料库和关联规范。

（续）

观察到的响应词	数量	计算的响应词	数量
drink	1	feel	0
flu	1	windy	0
flue	1	stone	0
frozen	1	morning	0
hay fever	1	shivered	0
head	1	eyes	0
heat	1	clammy	0
hell	1	sweat	0
ill	1	blood	0
north	1	shower	0
often	1	rain	0
shock	1	winds	0
shoulder	1	tap	0
snow	1	dry	0
store	1	**dark**	1
uncomfy	1	grey	0
war	1	hungry	0

出乎意料地是，尽管该系统仅仅基于单词共现，但它不仅能预测横向组合关系的关联，而且还能预测纵向聚合关系的关联（例如，cold → ice 和 cold → hot，参见［DE96, RAP02］）。

基于两个不同的语料库，我们对结果进行了评估。一是经过词性还原后的英国国家语料库，它是相关工作评估的一个标准。二是来自 Kent 和 Rosanoff［KEN 10］工作的爱丁堡关联词库的子库，其中包含了 100 个单词。

对于 17% 的激励词，我们的系统产生的初级关联响应词和人类受试者反馈最多的结果相同[⊖]。相比之下，爱丁堡关联词库的参与者对这些激励词产生的主要响应词比率达到了 23.7%，这说明系统表现合理，但是仍然不如人类受试者。

⊖ 韦特勒［WET 05］等人通过另外利用受试者反馈的中频范围中的单词得到了稍好的结果。但是由于目前还不清楚这种方法在计算给定单词的关联时对结果产生的影响，所以我们在本文中没有这样做。

4.3　计算反向关联

4.3.1　问题

可以看到，通过单个激励词计算得到的关联词已经与人类受试者的响应词的质量相差无几，那么现在让我们谈一谈本文的主要问题：能否将问题逆转过来，即通过词关联计算激励词。

让我们看一个例子：根据爱丁堡关联词库，对单词 clown（小丑）得到的最多三个响应词是 circus（马戏团；93 人中有 25 人，即 28% 的受试者）、funny（滑稽；9% 的受试者）、nose（鼻子；8% 的受试者）。现在的问题是：仅给出这三个词（circus，funny，nose），是否有可能确定它们共同的激励词是 clown？如果有可能的话，结果的质量又如何呢？

以上是一个说明的例子，而且在其他情况下，往往更难猜出正确的答案。为了理解这项任务的困难，让我们再举几个例子，其中涉及了不同数目的给定词，并且给出了表 4-4 中的解决方案：

apple, juice → ?

water, tub, clean → ?

grass, blue, red, yellow → ?

drink, gin, bottle, soda, Scotch → ?

4.3.2　步骤

在给出了响应词的条件下，我们想要去计算激励词的第一想法是观察这些词之间的关联情况，确定它们的交集。然而在初步的实验中，我们发现这种方法的效果并不是很好。其原因似乎是单词关联拥有不对称性，但是在这种情况下，这种不对称性是什么意思呢？

我们从语料库中所提取出的单词共现数是对称的，因为每当单词 A 和单词 B 同时出现时，单词 B 同样也是和单词 A 同时出现。

从共现矩阵中计算出的关联矩阵是否是对称的取决于我们所使用的关联度量。然而，即使在对称权重的情况下，关联仍然可能是不对称的。我们可以通过图 4-2 说明这一点。这是一个对称关联矩阵的等价图形⊖。可以看出，与 blue 关联最紧密的词是 black，但是反过来却并非如此，与 black 与关联最紧密的并不是 blue，而是 white。

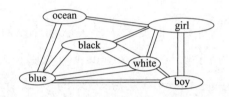

图 4-2　具有对称权值的关联词汇网络

为了了解爱丁堡关联词库中的情况：在不考虑多词单元的条件下，爱丁堡关联词库包含 8210 个激励词和 8210 个主要的响应词。然而，在这两组词汇集之间并没有完全的重叠：两组词集中都出现的单词只有 7387 个，这意味着只有对这些词才可能有对称性。在这 7387 个单词中，63% 的响应词是对称的，37% 的响应词是不对称的。表 4-3 显示了这两种类型的关联在爱丁堡关联词库中的一些示例。

表 4-3　对称和不对称关联的例子（PR= 主要响应词）

对称关联			非对称关联		
激励词	对于激励词的 PR	对于响应词的 PR	激励词	对于激励词的 PR	对于响应词的 PR
bed	sleep	bed	baby	boy	girl
black	white	black	bitter	sweet	sour
boy	girl	boy	comfort	chair	table
bread	butter	bread	cottage	house	home
butter	bread	butter	dream	sleep	bed
chair	table	chair	hand	foot	shoe
dark	light	dark	heavy	light	dark
girl	boy	girl	lamp	light	dark
hard	soft	hard	red	blue	sky
light	dark	light	sickness	health	wealth

⊖　在不对称情况下，我们需要每对节点之间有两个（通常）不同宽度的有向连接。

现在让我们回到上面的例子，即 circus（马戏团），nose（鼻子），funny（滑稽）→ clown（小丑）。在这里，"马戏团"和"小丑"是对称的例子。两者都是对方在爱丁堡关联词库中的主要关联响应词，因此"马戏团"与"小丑"的关联性最强，而"小丑"与"马戏团"的关联性也是最强的。如果这一切都是对的，事情就会变得简单了。然而，在很多情况下并非如此。例如，"小丑"和"鼻子"有很强的联系，但是"鼻子"和"小丑"就没有很强的联系。在爱丁堡关联词库中，对于 97 个测试对象来说，给定激励词"鼻子"，没有人用"小丑"来回应。同样，给定单词"滑稽"，在 98 个测试者中，也没有人用"小丑"回答。因此，如果我们取"马戏团""鼻子""滑稽"的关联交集，就不会得到"小丑"。这就是为什么基于交集关联的方法效果不是很好的原因。

相反，就像词义消歧和多词语义一样，我们必须考虑上下文信息[⊖]。例如，在"马戏团"的背景下，"鼻子"显然与"小丑"有关，但在"医生"的背景下就不是了。

基于上述原因，即需要考虑上下文信息，可以观察到，对于一个激励词来说，与它关联最紧密的词必然有很大的权重，而仅仅与其中一部分最密切关联的词建立紧密关联是不够的。不过通常可以使用乘法来改善结果。

然而，由于对数似然比具有不太适合使用乘法的指数值的特性，所以我们不会乘上关联强度。该值特征具有这样的效果：一个激励词的弱关联很容易被另一个激励词的强关联所过度补偿，而这显然不是我们希望得到的。因此，我们并不是乘上关联强度，而是乘上它们的关联强度排名。这样就显著地改善了结果。

在进行上述考虑之后，我们进行如下步骤（参见［RAP 08］）：

　⊖　对此的进一步思考可能会引发一个根本性问题：词语关联不对称是词歧义的结果，
　　　还是词歧义是词关联不对称的结果

给定一个包含所有可能单词对的对数似然比的词汇表 V 的关联矩阵,从而计算产生响应词 $a, b, c, \cdots$ 的激励词。执行下列步骤。

1)对于词汇表 V 中的每个单词(考虑其关联向量),查看 $a, b, c\cdots$ 等单词在这个单词的关联向量中的排名,然后计算它们排名的乘积(排名乘积算法,Product-of-Ranks algorithm)

2)在词汇表 V 中将单词根据上述乘积进行排序,使得最小值排在最前面(即反向排序)。

需要注意的是,这个过程有点费时,因为大型词汇表中的每个单词都需要进行计算[○]。而优势是,这个过程原则上适用于任意数量的单词,因为随着给定单词的增加,计算量只略有增加。

一个小问题是:给具有相同对数似然分数的单词指定排名,特别是在零共现计数频繁出现时。在这种情况下,在这样一组词中指定几乎任意的排名可能会对结果产生不利影响。因此,我们进行排名校正,并将其作为所有具有相同的对数似然分数的单词的平均排名。

原则上,如果给定的单词只有一个,也可以使用该算法。然而,这并不太好,因为该算法在计算上比我们在 4.2 节中描述的要复杂得多,而且结果通常更糟糕,原因是排名不允许像关联强度那样能够进行细粒度的区分。例如,给定单词 white,算法可能会在词汇表中找到几个 white 排在第一位的单词(例如,black 和 snow)。然而,因为没有办法进一步区分各个词的优先性,所以这些词的排列优先顺序可能是任意的,从而没有考虑到在优先性方面 black 比 snow 更突出[○]。

另一方面,如果给定的单词数量变大,根据不同的应用,可以设置一个限制最大排名数的值,从而减少统计变化的影响,这对于较低排名的词来说影响更大。需要注意的是,对于当前的工作,我

○ 使用非零共现索引可以节省大量的时间。

○ 在爱丁堡关联词库中,57 名和 40 名受试者分别对这两个激励词的响应都是 white;另一个例子是 lily,其主要的关联响应也是 white,但是这个反馈人数只有 19 人。在本例中,下一个较多的响应词是 flower,反馈人数有 17 人。

们设置了最大排名数为 10 000。然而，确切的值并不重要，因为就如当前的情况一样，如果重点主要集中在排名靠前的词时，通常不会产生太大的影响。

4.3.3　结果和评估

当将上述算法应用于爱丁堡关联词库中的一些响应词时，结果如表 4-4 所示。例如，当给定激励词 fruit 时，爱丁堡关联词库将 apple 和 juice 列为最佳关联响应词，但在我们的算法中，当给出 apple 和 juice 时，orange 将是计算出的最好激励词。这虽然并不像预期中的那样，但也有一定的合理性。预期的激励词 fruit 至少出现在所计算单词列表的第 8 位。

表 4-4　计算的不同数量的给定响应词的前 10 名激励词（括号中的数字指的是 BNC 中的语料库频率）

来自 EAT 中的前 2 个响应词：apple (1385) juice (1613)
来自 EAT 的激励词：**fruit** (3978)
计算出的激励词：orange (2333), grape (273), lemon (1019), lime (612), pineapple (220), grated (423), apples (792), **fruit** (3978), grapefruit (113), carrot (359)
来自 EAT 中的前 3 个响应词：water (33 449), tub (332), clean (6599)
来自 EAT 的激励词：**bath** (415)
计算出的激励词：rinsed (177), **bath** (2819), soak (315), rinse (288), wash (2449), refill (138), rainwater (160), polluted (393), towels (421), sanitation (156)
来自 EAT 中的前 4 个响应词：grass (4295), blue (9986), red (13 528), yellow (4432)
来自 EAT 的激励词：**green** (10 606)
计算出的激励词：**green** (10 606), jersey (359), ochre (124), bright (5313), pale (3583), violet (396), purple (1262), greenish (136), stripe (191), veined (103)
来自 EAT 中的前 5 个响应词：drink (7894), gin (507), bottle (4299), soda (356), Scotch (621)
来自 EAT 的激励词：**whiskey** (129)
计算出的激励词：whisky (1451), **whiskey** (129), tonic (511), vodka (303), brandy (848), Whisky (276), scotch (151), lemonade (229), poured (1793), gulp (196)

就像前向关联中定量评估一样，我们只考虑爱丁堡关联词库[⊖]中的 Kent 和 Rosanoff 的子集［KEN 10］。我们计算在多少种情况下，

⊖　应该注意的是，Kent 和 Rosanoff［KEN 10］子集通常导致相对较高的准确性，因为它主要由常见的具有高语料库频率的单词组成。

预期单词在所计算单词列表中排第一位。这就导致得到的数字较为保守，因为我们只考虑了精确匹配的情况。例如，表 4-4 中的最后一项，即 whisky 而不是 whiskey 在排名的第一位，故而会被视为不正确。

在从关联响应预测激励词时，问题是到底应该考虑多少个响应词，以及响应词数量的多少对预测结果的质量的影响有多大。为了回答这个问题，我们进行了几次评估，每次都用了几个给定的单词（EAT 响应）。有三个猜想：

- 给出某个响应词的受试者越多，这个响应词就越重要，对预测激励词的帮助也就越大。
- 只有一个或者少数受试者给出的响应词很可能是武断或者错误的，因此无助于预测激励词。
- 考虑大量重要的响应词应该能改善结果。

结果证实了上述猜想。图 4-3 显示了计算正确的激励词的百分比，这取决于考虑到的最高优先级的响应词（来自爱丁堡关联词库）。能够看到，结果的质量在给定 7 个响应词时达到最好，有 54% 的正确率，并从此之后开始下降。这意味着平均上，第 8 个响应词对确定相应的激励词来说并没有帮助。

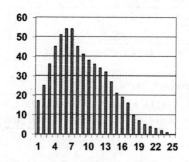

图 4-3　正确预测激励词的百分比（垂直轴）和给定单词的数量（水平轴）

54% 的正确预测率已出乎我们的意料，这大约是前向关联的三倍（图 4-3 中的第一栏）。一方面，在反向关联任务中，有几条线索指向同一个激励词。另一方面，这个任务对于我们来说非常有意义，因为通常有几个看似合理的选项可以消除彼此之间的歧义。例如，给出 apple 和 juice（见表 4-4），我们的系统给出的预测结果是 orange，似乎和预期一样合理。然而在我们的评估中，orange 被认为是错误的，在 46% 的不正确结果中的其他许多情况也是如此。

4.4　人类的表现

现在我们已经研究了反向关联任务的机器表现性能，下一个问题是人类在这个任务上是如何表现的，以及人类和机器结果的比较。为此，我们进行了一个旨在收集人类反向关联的实验，并将其结果与模拟结果进行了比较。

4.4.1　数据集

我们使用了 CogALex-IV 共享任务关于词汇访问问题［RAP 14］的测试集作为我们的数据集（［RAP 14］是［RAP 13］的后续研究）。这个共享任务的目的是比较不同的计算反向关联的自动方法⊖。相反，我们在此研究人类在这项任务上的表现。因此，为了将人与机器关联进行比较，两种研究都最好使用相同来源的数据集，即基于爱丁堡关联词库的数据集⊖。

数据集是通过以下步骤生成的：

1）以爱丁堡关联词库为基础。

2）修改字母大小写。

3）提取包含 2000 项的子集（主要是随机抽取）。

⊖　在这种共享任务中表现得最好的系统都使用了与本文描述的系统类似的方法（即基于大型语料库中的单词共现），结果的质量都差不多。由于在［RAP 13］中已经详细讨论过这些问题，我们在此不再重复这一讨论。

⊖　请注意，除了此处描述的数据集外，CogALex-IV 的共享任务还使用了一个所谓的"训练集"，其目的是开发和优化自动算法。训练集是以完全相同的方式产生的，区别只是使用了 2000 个词中的不同项。

4）仅仅保留每个激励词的前 5 个关联词。

5）删除激励词。

现在让我们仔细研究一下这些步骤。爱丁堡关联词库中有
8400 个激励词，每个激励词又对应有 100 个关联响应词，这些响
应词是 100 名受试者[○]在看到激励词时大脑第一时间所想到的词。

爱丁堡关联词库起源于 20 世纪 70 年代，只使用了大写字符，
因此我们决定修改其大小写。为了达到这个目的，对于爱丁堡关联
词库中的每一个单词，我们查找了其在英国国家语料库中出现频率
最多的大写形式［BUR 98］。我们替换了相应的词，如 DOOR 替
换为 door、GOD 替换为 God。通过这种方法，我们希望能够获得
接近在爱丁堡关联词库的编辑过程中产生的结果。不过由于这种方
法并不完善，如经常出现在句子开头位置的词可能会被错误地大写
化，所以我们做了一些手工检查，但仍然达不到完美的程度。

对于每一个激励词，只保留前 5 个关联词（即在受试者中产生
最多的关联词的前 5 名），而所有其他关联词都被丢弃。图 4-3 所
示的结果是让我们决定只保留少数关联词的原因，图 4-3 表明了，
由极少数受试者产生的关联往往具有任意性。我们还想避免不必要
的复杂性，这就是为什么我们决定使用一个固定的数目，尽管确切
的 5 个关联词的选择可能会有些武断。

对于数据集的其余数据，我们删除了所有包含非字母字符和英
国国家语料库中没有出现过的单词的项，原因是其中相当一部分
的词存在拼写错误。通过这些方法，爱丁堡关联词库的激励词数
量从最初的 8400 减少到 7416。从这些数据集中，我们随机选择了
2000 项作为我们的数据集。表 4-5 按字母顺序展示了此数据集中
的前 12 项[○]。

○ 不同组的受试者分开对激励词进行测试。

○ 完整的数据集可以从 http://pageperso.lif.univ-mrs.fr/~michael.zock/ColingWorkshops/
CogALex-4/co-galex-webpage/pst.html 下载。

表 4-5   数据集的前 12 项（当然，目标词没有透露给受试者）

给定词	目标词
able incapable brown clever good	capable
able knowledge skill clever can	ability
about near nearly almost roughly	approximately
above earth clouds God skies	heavens
above meditation crosses passes rises	transcends
abuse wrong bad destroy use	misuse
accusative calling case Latin nominative	vocative
ache courage blood stomach intestine	guts
ache nail dentist pick paste	tooth
aches hurt agony stomach period	pains
action arc knee reaction jerk	reflex
actor theatre door coach act	stage

4.4.2   测试流程

根据受试者的反馈，在主观上来说，进行多激励词的关联词响应是很困难的，为了不使受试者负担过重，我们将数据集分成 40 个部分，每个部分包含 50 项。总共打印了 40 张测试表，每一张都只有一个部分的测试项。受试者进行了每项 5 个单词的测试项目，并反馈他们在大脑中第一时间想到的关联词。这里没有"对"或"错"的答案，因为我们只是在调查人类的单词联想[⊖]。

例如，给出激励词组为" work desk bureau secretary post"，得到的关联词反馈是" office"。由于该实验是在德国盖默斯海姆的美因茨大学的翻译研究、语言学和文化研究学院（FTSK）进行的，因此所有参与者都不是以英语为母语的人。因此，他们被要求将自己的英语水平按以下等级排列：*母语级 / 非常好 / 满意 / 基本知识 / 没有或很少的知识*。不过需要注意的是，由于 FTSK 专门培训笔译员和口译员，所以许多人很重视英语，正如预期那样，大多数学生表示他们的英语熟练程度是"非常好"，没有一个学生反馈的英语水平低于"满意"。实验是在 2014/2015 年冬季和 2015 年

⊖ 需要注意的是，我们并没有告知受试者测试数据的性质，即基本思想是基于反向关联任务的。

夏季学期作者开设的课程中进行的。课程主题是翻译系统、语言和认知、计算语言学、电子词典、语料库语言学、机器翻译、计算机辅助翻译和翻译记忆（主要是本科或研究生级别的研讨会）[⊖]。是否参加关联词测试都是自愿的。因为这项任务比较乏味，许多调查问卷都显示出一些遗漏。总共填写了 66 份调查问卷，这意味着数据集的 40 个部分中有一些是由不止一个学生完成的。

4.4.3　评估

为了进行评估，我们简单地比较了受试者反馈的关联词和爱丁堡关联词库中的预期结果（参见表 4-2）。在第一轮评估中，我们只认为精确匹配是正确的，唯一体现灵活性的是不考虑单词大小写。然而在第二轮中，我们将预期单词的变形和派生形式都记为正确。例如，对于给定的单词组 "car round cart spoke bicycle"，受试者的反馈是 wheels，而预期的关联反馈词是 wheel。这也被认为是一对正确的匹配。

总体结果见表 4-6。对于每个熟练程度组，都给出了两种评估模式能够正确预测单词的百分比——所有准确度都在 2% 到 8% 之间。可以看出，那些认为自己的语言能力"非常好"的学生比那些认为自己"很好"的学生做得要好得多；但令人惊讶的是，对自己只有"满意"的自我评价的学生表现得更好。需要注意的是这是一个仅由 4 个受试者组成的小组，他们不能被视为具有代表性（其自我评价可能仅仅说明了他们都很谦虚）。

表 4-6　两种评估模式的语言能力结果

英语能力	完全匹配	宽容匹配
very good (48 subjects)	4.38%	7.42%
good (14 subjects)	2.14%	4.29%
satisfactory (4 subjects)	4.50%	7.50%
All 66 subjects	3.91%	6.76%

⊖　为了配合本文，我们将德国课程名翻译为英文。

4.5　机器性能

虽然我们在 4.3 节中给出了关于反向关联任务的模拟结果，但是这些结果使用的测试集比用于人类调查的测试集小得多，因此我们使用人类测试数据进行了另外的系统测试。这些参数与以前所述相同（4.2 节）。然而我们的语料库使用的不是英国国家语料库（BNC），而是 ukWaC——一个大约 20 亿个单词的网络衍生语料库。这样的优点是，我们的结果也可以与同样使用 ukWaC 语料库的 CogALex 共享任务［RAP 14］的结果进行比较了。

同以前为 BNC 所做的一样，我们将 ukWaC 语料库进行了词性还原，并删除了停止词。我们使用了在 BNC 中出现频率为 100次或更多次的词作为我们的词汇表。根据我们对单词（字母字符串或非字母字符）的定义，这是一个有 36 097 个单词的数据表。就像 ukWaC 语料库一样，我们也对这个表进行了词性还原，并删除了停止词。我们还删除了任何包含非字母字符的字符串。这使得词汇表中词的数量减少到 22 578 个。

使用这个词汇表，通过计算 ukWaC- 语料库中的单词共现数，我们建立了一个共现矩阵，从而考虑使用了一个在给定单词周围的 ± 2 个单词大小的窗口。通过将对数似然比［Dun 93］应用于矩阵中的每个值，将得到的共现矩阵转化为权重矩阵。最后应用排名乘积算法对测试集中每项 5 个单词的结果进行了计算。

在这 2000 项数据中，系统得到了 613 个正确的结果，即计算后排名第 1 位的单词与测试集中提供的预期单词完全相同。这相当于 30.65% 的正确率。尽管有较大的语料库（ukWaC 数据量大约是 BNC 的 20 倍），但这一准确性远低于 4.3 节报告的 54% 的最高正确率。然而这种差异并不让人意外，因为在 4.3 节中，测试采用的数据是 Kent-Rosanoff 测验的 100 个单词，其中包含的词大多是

　　⊖　http://wacky.sslmit.unibo.it/doku.php?id=corpora。

非常常见的，所以它们之间存在明显的关联关系，故而比较容易预测。此外在 4.3 节中，测试集中的词语已进行词性还原，但这里的情况却并非如此。

因此，我们将我们的结果与 CogALex 共享任务［RAP 14］的结果进行比较。在完全相同的测试集上并且基于同一语料库测试，最佳的系统性能达到 30.45%，几乎完全符合本系统的性能表现。然而，他们的系统使用了复杂的词嵌入技术（神经网络技术），而我们只使用非常简单的方法也取得了类似的结果。还应该指出的是，我们并没有进行任何的参数优化，只是简单地使用了前一篇论文［RAP 13］中的参数，也就是说，为了获得当前的结果，我们甚至没有查看 CogALex 共享任务提供的训练集。

还应该指出，我们选择的词汇是与当前任务完全无关的。我们的单词数据列表都来自 BNC，而不是 ukWaC 语料库，测试集是从爱丁堡关联词库中派生出来的，对我们的单词选择没有影响⊖。我们还使用了一个任意频率阈值（BNC 频率为 100）来选择我们的词汇，而没有采用训练集来优化这个阈值。

应该指出的是，词汇的选择对这项任务非常重要，在这个问题上应用"知情猜测"（informed guesses）可以获得更好的结果。测试集的 2000 个独特的关联响应词 19⊜在我们 22 755 个单词的词汇表中只出现 1482 个，即对于 518 个单词，我们的系统没能得到正确的关联响应词。

4.6 讨论、结果和展望

4.6.1 人类的反向关联

按照反向关联任务的要求，对几个给定的单词进行关联并不容

⊖ 如果使用来自 EAT 的词汇，可以得到更好的结果。
⊜ 每一种结果只能出现一次，因为它们来自于爱丁堡关联词库。

易。一些测试人员已经注意到了这一点，并且测试表中许多的遗漏也证实了这一点。很难得到一个预期单词的原因如下：

1）在许多情况下，给定单词可能同样强度地指向其他目标词。例如，当给出 gin（杜松子酒）、drink（饮料）、scotch（苏格兰威士忌）、bottle（瓶子）和 soda（苏打水），并且目标词不是 whisky（威士忌）时，另一种拼法 whiskey（威士忌）也应该是可以接受的，而且其他一些酒精饮料，如 rum（朗姆酒）或 vodka（伏特加），也可能是可以接受的 20[⊖]。

2）因为目标词没有受到任何限制，所以原则上有成千上万的词可以被认为是候选词。

3）虽然大多数目标词是基本形式，但数据集也包含了大量目标词是词汇变形形式的情况。我们很难完全正确地还原这些词。

由于存在着这些困难，我们预计性能不佳，并且这一预期也得到了证实。

正如 4.4.2 节所提到的，我们没有告知受试者数据集的作用，即没有告诉他们：我们的想法是进行反向关联任务。或者我们可以告诉人们这一点，并要求他们给出一个单词，把这 5 个词中的每一个词都联系起来。这可能会被认为是一项更复杂的任务，从而可能会影响受试者的表现，阻碍受试者的自发性。尽管有时候关联可能是不对称的[⊖]，但在我们的设想中，不对称很可能不会产生决定性影响。不过，这当然仍是一个需要进一步研究的问题。

虽然在以前涉及多激励关联的研究中，人类的表现总是比模拟程序产生的要好得多。（参见［RAP 08］），但是这里却并非如此。

⊖　由于我们的数据源（爱丁堡关联词库）没有提供任何数据，因此在所选择的反向关联框架中尝试提出替代解决方案是不实际的。然而，我们认为这样做主要会影响绝对性能，但不影响相对性能（即不同系统之间的排名应保持相似）。

⊖　举个例子来说，"花盆"→"土壤"强烈相关，但"土壤"→"花盆"则非如此。

在 CogALex 共享任务中，许多团队在相同的数据集上测试了它们的算法，主要是基于对大型文本语料库中的单词共现的分析，其正确率达到了 30.45%。在本文这个数据集上，我们得到的结果也与之十分相似。结果比表 4-6 所示的非母语人士的人类表现要好得多。虽然以英语为母语的人可以做得更好，但我们认为要超过机器的结果是很有挑战性的。这很可能说明了一件事：在其核心工作之一即关联中，人类的智力表现并不一定比机器更好，当然这仍需要进一步的调查来证实。

4.6.2   机器的反向关联

我们介绍了排名乘积算法，并证明了该算法在给定多个词的情况下，可以成功地用于关联计算问题。我们使用了爱丁堡关联词库作为我们的评估标准库，并假设从相反的方向看这些数据是有意义的，即从爱丁堡关联词库中的响应词来预测它的激励词。

虽然对人类来说这也是一项非常困难的任务，并且即便我们采用了一种保守的评估方法：坚持在预测词和正确标准的关联之间进行精确的字符串匹配，我们的算法也能够成功完成任务，成功率约为 30%（Kent-Rosanoff 词汇表的成功率为 54%）。我们还发现，在一定限度内，随着给出单词数的增加，算法的性能也可以得到提高，但是在达到峰值之后会降低。这种性能退化与我们的预想一致，因为只有一个或极少数人产生的关联响应往往是武断的，因此无助于预测激励词[⊖]。

鉴于预测人类实验数据的难度非常大，我们认为 30% 左右的实验正确率结果是相当好的，特别是相比如表 4-6 所示的人类结果，而且与引言中提到的相关工作的结果（11.54%）以及对单个激励词的结果（17%）相比，也是相当好的。但是我们仍有改善的余地，即便我们没有采用更复杂（但也更有争议）的评估方法，以提供替代的解决办法。我们打算将排名乘积算法推广到加权乘积算

⊖ 这种关联可能反映测试者非常具体的经验。

法。但是，这就要求我们有一个具有合适值特征的高质量关联度量。其中一个想法是用它们的显著性水平替代对数似然分数。另一种是放弃传统的关联度量，转而使用 Tamir 和 Rapp 在［TAM 03］中描述的经验关联度量。这种方法并不是对单词的分布做出任何预设，而是从语料库中确定分布。在所有情况下，现有的框架都非常适合衡量和比较任何关联度量的适用性。通过使用神经向量空间模型（词嵌入）也可以进一步改进系统，CogALex-IV 共享任务［RAP 14］的一些参与者也对此进行了研究。

关于应用，我们看到了许多可能性。一种是"舌尖问题"（tip-of-the-tongue problem），即一个人无法记住某个特定的单词，但仍然可以想到它的一些属性和关联。在这种情况下，属性和关联的描述符可以输入到系统中，并希望人们可以在顶级关联词中选到目标词。

另一个应用是信息检索，该系统可以合理地扩展给定的搜索词列表，这样又可以反过来用于搜索。一种更好（但计算花费更高）的方法是将含有最突出单词的文档作为给定单词列表来检索，并使用排名乘积算法预测搜索词。

进一步的应用是多词语义学。在这里一个基本的问题是，一个特定的多词表达是组合起来的还是有上下文关系的。目前的系统可能有助于提供一些与回答下列问题有关的定量度量方法：

1）一个多词单元的不同组成词能相互预测吗？

2）一个多词单元的组成词能通过周围的实词预测吗？

3）能否从多词单元周围的实词预测出完整的多词单元？

这些问题的结果可以帮助我们回答关于多词单元的构成或语境性质的问题，并对各种类型的多词单元进行分类。

我们在这里提出的最后一个应用是自然语言生成（或任何需要

它的应用，如机器翻译或语音识别）。如果在一个句子中，有一个单词丢失或不确定，我们可以尝试通过将句子中的其他所有实词（或更广泛的上下文）作为排名乘积算法的输入来预测这个单词。

从认知的角度来看，希望类似实验能在寻找下面这个基本问题的答案上取得一些进展：人类语言的产生是否受关联的制约，即话语的下一个实词是否与说话人记忆中已经激活的实词的表示相关联？

4.7 致谢

这项研究得到了第七届欧洲共同体框架计划中的玛丽居里事业综合基金的支持。非常感谢参与关联词实验的同学们。

4.8 参考文献

[BUR 98] BURNARD L., ASTON G., *The BNC Handbook: Exploring the British National Corpus*, Edinburgh University Press, Edinburgh, 1998.

[CHU 90] CHURCH K.W., HANKS P., "Word association norms, mutual information, and lexicography", *Computational Linguistics*, vol. 16, no. 1, pp. 22–29, 1990.

[DE 96] DE SAUSSURE F., *Cours de linguistique générale*, Payot, Paris, 1996.

[DUN 93] DUNNING T., "Accurate methods for the statistics of surprise and coincidence", *Computational Linguistics*, vol. 19, no. 1, pp. 61–74, 1993.

[GRI 07] GRIFFITHS T.L., STEYVERS M., TENENBAUM J.B., "Topics in semantic representation", *Psychological Review*, vol. 114, no. 2, pp. 211–244, 2007.

[JAM 90] JAMES W., *The Principles of Psychology*, Holt, New York, 1890.

[JEN 70] JENKINS J., "The 1952 Minnesota word association norms", in POSTMAN L., KEPPEL G. (eds), *Norms of Word Association*, Academic Press, New York, 1970.

[KAR 92] KARP D., SCHABES Y., ZAIDEL M. et al., "A freely available wide coverage morphological analyzer for English", *Proceedings of the 14th International Conference on Computational Linguistics*, Nantes, pp. 950–955, 1992.

[KEN 10] KENT G.H., ROSANOFF A.J., "A study of association in insanity", *American Journal of Psychiatry*, vol. 67, pp. 317–390, 1910.

[KIS 73] KISS G.R., ARMSTRONG C., MILROY R. et al., "An associative thesaurus of English and its computer analysis", in AITKEN A., BAILEY R., HAMILTON-SMITH N. (eds), *The Computer and Literary Studies*, Edinburgh University Press, 1973.

[KIS 75] KISS G.R., "An associative thesaurus of English: structural analysis of a large relevance network", in KENNEDY A., WILKES A. (eds), *Studies in Long Term Memory*, Wiley, London, 1975.

[NEL 98] NELSON D., MCEVOY C., SCHREIBER T.A., "The University of South Florida word association, rhyme, and word fragment norms", available at: http://www.usf.edu/FreeAssociation, 1998.

[PAL 64] PALERMO D.S., JENKINS J.J., *Word Association Norms: Grade School Through College*, University of Minnesota Press, Minneapolis, 1964.

[RAP 96] RAPP R., *Die Berechnung von Assoziationen*, Olms, Hildesheim, 1996.

[RAP 02] RAPP R., "The computation of word associations: comparing syntagmatic and paradigmatic approaches", *Proceedings of the 19th International Conference on Computational Linguistics*, Taipeh, vol. 2, pp. 821–827, 2002.

[RAP 08] RAPP R., "The computation of associative responses to multiword stimuli", *Proceedings of the Workshop on Cognitive Aspects of the Lexicon*, Manchester, pp. 102–109, 2008.

[RAP 13] RAPP R., "From stimulus to associations and back", *Proceedings of the 10th Workshop on Natural Language Processing and Cognitive Science*, pp. 78–91, Marseille, France, 2013.

[RAP 14] RAPP R., ZOCK M., "The CogALex-IV shared task on the lexical access problem", *Proceedings of the 4th Workshop on Cognitive Aspects of the Lexicon*, Dublin, Ireland, pp. 1–14, 2014.

[RUS 96] RUSSELL W.A., MESECK O.R., "Der Einfluß der Assoziation auf das Erinnern von Worten in der deutschen, französischen und englischen Sprache", *Zeitschrift für experimentelle und angewandte Psychologie*, vol. 6, pp. 191–211, 1959.

[SCH 89] SCHVANEVELDT R.W., DURSO F.T., DEARHOLT D.W., "Network structures in proxymity data", in BOWER G. (ed.), *The Psychology of Learning and Motivation: Advances in Research and Theory*, vol. 24, Academic Press, New York, 1989.

[SMI 13] SMITH K.A., HUBER D.E., VUL E., "Multiply-constrained semantic search in the Remote Associates Test", *Cognition*, vol. 128, pp. 64–75, 2013.

[TAM 03] TAMIR R., RAPP R., "Mining the web to discover the meanings of an ambiguous word", *Proceedings of the 3rd IEEE International Conference on Data Mining*, Melbourne, FL, pp. 645–648, 2003.

[WET 89] WETTLER M., RAPP R., "A connectionist system to simulate lexical decisions in information retrieval", in PFEIFER R., SCHRETER Z., FOGELMAN F. *et al.* (eds), *Connectionism in Perspective*, Elsevier, Amsterdam, 1989.

[WET 05] WETTLER M., RAPP R., SEDLMEIER P., "Free word associations correspond to contiguities between words in texts", *Journal of Quantitative Linguistics*, vol. 12, no. 2, pp. 111–122, 2005.

词汇的隐藏结构与功能

Philippe Vincent-Lamarre, Mélanie Lord, Alexandre Blondin-Massé, Odile Marcotte, Marcos Lopes, Stevan Harnad

在一个词典中定义所有余下单词一共需要多少个单词呢？这些单词又分别是什么呢？我们将图论分析应用于 Wordsmyth 词典组件。通过递归的手段删除一些已经被定义但同时不对其他单词有定义作用的单词，每一个词典可以减少到一个很小的单词集，即词典内核（Kernel）。这个内核可以定义整个词典中余下所有的单词，包括这个内核中的单词彼此；尽管这个内核独一无二，但是它并不是可以定义余下所有单词的最小子集。这个内核由一个巨大的强连通组件（Strongly Connected Component，SCC）组成，即核心（core），它大约是内核大小的四分之三，并有许多微小的 SCC 组件包围这个核心，起到卫星（satellite）的作用。核心词之间可以相互定义，但不能定义词典的其余部分。能够定义词典中其他所有部分的最小单词集称为最小反馈顶点集（minimum feedback vertex set）或者称为最小基础集（Minimal grounding Set，MinSet）。MinSet 并不是唯一的。每个词典的内核包含了很多互相重叠的 MinSet。每一个 MinSet 大小大约为内核的五分之一，由部分核心单词和卫星单词组成，MinSet 中的单词可以定义词典中余下全部单词，但是彼此之间不能相互定义。核心词具有使用更加频繁、学习年龄更早并且相比其他卫星词汇不太具体的特点，相反，卫星词汇具有使用更加频繁、学习更早但是比词典中其他单词更具体的特点。我们将会讨论语言学习的意义、语言进化以及心理词汇中的词义表示。

5.1 引言

词典：对一种语言的单词进行分类和定义。原则上，由于词典中每个单词都已被定义，因此应该可以通过口头定义来学习任何单词的意思［BLO 13］。然而，为了理解正被定义的单词的意思，我们必须理解那些被用来定义这个单词的词语的意思，否则我们还必须查找这些词语的定义。但是如果我们被迫查找每一个被用来定义某个单词的词语的定义，接着又寻找定义后者的词组的定义，以此类推，我们将最终陷入一个死循环，永远不可能得到任何单词的意思。

这是一个**符号接地问题**：单词的含义不能够仅仅通过查询定义而学习到［HAR 90］。至少，某些单词的含义必须通过口头定义以外的其他途径才能"确定"。另一种方法是通过对一个词的指代对象的直接感觉运动经验来定义［HAR 10, PER 16］，但从感觉运动经验中学习类别并不是本文的主题。在这里，我们只讨论有多少单词需要通过除口头定义之外的某些方法来得知其意义，以便其余单词可以通过那些已经被准确定义的单词相互组合就可以得知其意义——这些基础单词（grounding word）与其他单词有何不同呢？

5.2 方法

5.2.1 词典图

要回答这个问题，可以使用图论来分析词典。我们之前分析过几本英语词典（包括朗文、剑桥、Merriam-Webster 和 WordNet ［VIN 16］）。在本文，我们复现了这些结果并且把它们推广到

㊀ 几乎词典中的所有单词（无论是名词、形容词、动词还是副词）都为实词，也就是说，它们都可以作为类别名称［HAR 05］。"类别"包括具体和抽象的（对象，属性，动作，事件，状态）。唯一的不能作为目录中名目的单词是那些表示逻辑和语法的虚词，如 if、is、the 以及 not 等。我们的分析仅仅基于实词，虚（停用）词被省略。

了 Wordsmyth 高级词典 – 词库（WADT，70K 单词）以及它的三个简化版本：Wordsmyth 儿童词典 – 词库（WCDT，20K 单词）、Wordsmyth 初学者词典 – 词库（WBDT，6K 单词）和 Wordsmyth 插图学习词典（WILD，4K 单词）。基于一些特定的目的，挑选出少量、使用频率更高的词语［PAR 98］：http//www.wordsmyth. net。

　　除了专有名词之外，词典中所有使用到的单词都有定义。在词典图中，每一个有定义的单词之间都有定向链接。我们对词典图的分析揭示了词典中隐藏的结构，这在之前从未被发现以及发表过（见图 5-1）。如果我们递归地删除那些定义了的但同时不对其他单词下定义的单词，每一个词典图可以减少大约 85%（缩减比越小，词典规模越小），直至缩减到一组独一无二的单词（我们将其称作内核，K），词典中在这个内核之外的所有单词都可被定义［BLO 08］。任何词典图中仅仅只有一个这种内核，但是这个内核并不是可以定义这个词典中余下的所有单词的最小单词数 M。最少数量的单词集是词典图的最小反馈顶点集（参见［FOM 08, KAR 72, LAP 12］），本文中称其为 Minset（Minimal Grounding Set）。

　　在本文分析的 Wordsmyth 词典之中，内核的相对大小从最大词典（WADT）中内核占整个词典的 17% 到最小词典（WILD）中内核占整个词典的 49% 不等。在所有四个词典中，MinSet 的大小约为内核的五分之一（见表 5-1）。然而，与内核不同的是，MinSet 不是独一无二的：在每个词典中有大量相互重叠的 MinSet，每个 MinSet 都有相同的最小尺寸，即 M。每一个 MinSet 都是内核的一个子集，如果能够确定子集中的任何其中一个，那么就可以确定整个词典[⊖]。

⊖　把所有的 MinSet 作为语义空间的潜在基础，以及把无限多个 M 个不同的线性无关向量集的集合作为 M 维向量空间的潜在基础，这两者之间可能存在着类比信息。

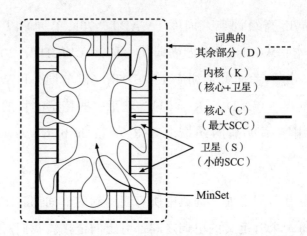

图 5-1　Wordsmyth 词典的隐藏结构示意图：词典的其余部分、内核、核心和 MinSet（仅显示一个）。词典图表的这些不同结构组成部分中的词语的心理语言学特征往往不同（见图 5-2 和图 5-3）。卫星词比"词典其余部分"中的词更频繁、更具体，适合在低龄时期学习。反过来，核心词比卫星词的使用人群更年轻、使用更频繁，但相比核心词和词典其余部分，卫星词最具体（见图 5-2）（请注意，该图未按比例绘制：内核的相对大小从最大的 Wordsmyth 字典（WADT）中占整个字典的 17% 到最小的（WILD）中占 49% 不等）

表 5-1　Wordsmyth 词典（内核中的核心（最大的 SCC）总是比卫星（小的 SCC）大得多，每个 MinSet（由部分核心和卫星单词组成）大约占内核的五分之一。包括 Wordsmyth 高级词典 – 词库（WADT，70K 单词）、Wordsmyth 儿童词典 –（WCDT，20K 单词）、Wordsmyth 初学者词典 – 词库（WBDT，6K 单词）和 Wordsmyth 插图学习词典（WILD，4K 单词）[PAR 98]）

	WADT	WCDT	WBDT	WILD
与所有单词相关含义数目	73 158	20 129	6038	4244
与第一个单词相关含义数目	43 363	11 626	4456	3159
词典余下部分（除内核之外的部分）	36 196 (83%)	8617 (74%)	3254 (73%)	1608 (51%)
内核	7167 (17%)	3009 (26%)	1202 (27%)	1551 (49%)
卫星	1999 (5%)	609 (5%)	258 (6%)	159 (5%)
核心	5168 (12%)	2400 (21%)	944 (21%)	1392 (44%)
最小基础集	1335 (3%)	548 (4.7%)	234 (5.3%)	330 (10.4%)
卫星部分的 Minset	569 (1.3%)	160 (1.4%)	67 (1.5%)	39 (1.2%)
核心部分的 Minset	766 (1.7%)	388 (3.3%)	167 (3.8%)	291 (9.2%)

　　事实上，所谓内核，并不仅仅是一堆相互重叠的 MinSet 的聚

合体。它也有自己的结构，它由大量强连通组件（SCC）组成（在一个有向图中，若单词 W_1 是定义单词 W_2 的其中一个单词，则 W_1、W_2 之间建立一个有向连接（W_1 指向 W_2）。在此基础上，若有向图中任意一个单词可以通过定义链与其余所有单词建立连接的话，该有向图就称为强连通图。）词典内核中的大部分 SCC 都非常小，但是在每个词典中，我们还通过分析得到了一个结论：存在一个非常大的 SCC 组件，大约占整个内核的 50%。我们将这个 SCC 命名为内核的核心（C）[⊖]。

总的来说，内核（K）本身就是一个独立的词典，具有词典（D）的功能。也就是说，内核（K）是词典（D）的子词典。内核中的每一个词可以通过内核中余下的词而完整定义。内核的核心同样是一个独立的词典；但是，在我们迄今为止所研究的所有自然语言全集词典[⊖]中，内核并不是一个 SCC：在核心（不是内核）中，每一个单词可以通过核心中一系列其他单词相互连通以及定义。

内核是整个词典的基础，但不是最小基础集（MinSet），即它所含的单词数并不是能够定义词典余下部分的最少单词数。内核的核心并不是整个词典的唯一的最小基础集（MinSet），事实上它（核心）甚至不是一个基础集。仅核心中的单词不足以定义核心范围外词典的余下单词。

相比之下，所有的 MinSet 都像核心一样完全包含于内核（Kernel）之中，但是没有一个 MinSet 全部都在核心（Core）之中——每一个 MinSet 都跨越核心和卫星。每一个 MinSet 可以定

　⊖　在形式上，核心集被定义为内核的所有强连通组件（SCC）的并集，它们不从外部接收任何传入的定义链接（在图形理论语言中：没有进入核心的传入链接，即没有从内核外部单词到核心内部单词的定义链接）。事实证明，到目前为止，我们分析的所有全集字典都是一个经验事实，它们的核心本身就是 SCC，也是迄今为止内核中最大的 SCC，其余部分看起来就像一颗大行星周围的许多小型卫星一样（见图 5-1 和图 5-2）。

　⊖　然而，在我们的在线词典游戏中生成的一些迷你词典中，核心不是 SCC，而是众多 SCC 的不相交联合体（见图 5-5 和图 5-6）。

义所有在它本身之外的词典中余下的单词，但是没有一个 MinSet
是一个 SCC：它的单词之间甚至都没有连接（见表 5-2）。事实上，
MinSet 并不可以定义它本身包含的任何一个单词：只能定义自己
之外的单词。

表 5-2　该表表示哪些隐藏结构是词典、基础集、SCC 和最小基础集

如右边所示（列条目）的类别是否需要如下方所示（行条目）的类别呢？	Dict	Kern	GS	SCC	Core	MinSet
词典（D）	yes	yes	—	—	yes	—
基础集（GS）	yes	yes	yes	—	—	yes
强连通组件（SCC）	—	—	—	yes	yes	—
最小基础集（MinSet）	—	—	—	—	—	yes

经过实验[⊖]证明，词典中的 MinSet 由两部分组成：核心（C）
中的单词（完全包含于内核）和内核（K）中核心之外的单词（即
卫星 S）。MinSet 中 S/C 的比率在不同词典中有所差异，但是在
给定的同一个词典中，所有 MinSet 的 S/C 比率都是相同的。因此
MinSet 是能够定义词典中余下部分的最小子集，由核心中的部分
单词和卫星中的部分单词组成。那么很自然就引出一个问题：这些
词典隐藏结构中的各个组成部分：MinSet、内核、卫星、核心和
词典中内核之外的其他部分，如果存在区别，它们区别是什么？

5.2.2　心理语言学变量

本文使用了三个心理语言学相关的数据库，分别是学习年龄数
据库、具体性数据库和词频数据库。对于学习年龄数据库，我们
选取了 Kuperman 等人［KUP 12］对于 30 000 个英语单词的语言
学习关键期的评级。对于具体性数据库，我们选取了 Brysbaert 等
人［BRY 14］的数据库——这个数据库主要包含了 Brysbaert 等
人对 40 000 个常见英文单词的论述。对于词频数据库，我们采用
了 SUBTLEX$_{US}$ 语料库［BRY 09］。绝大部分这些单词的词频都
低于 1000，但是其中一小部分单词的词频跨度为 5000 到 200 万，

⊖　这里描述的大多数属性是实验观察到的词典图的属性，而不是有向图的一般属性。

造成了数据分布的偏差。为了避免这些极值导致结果不均衡的影响，我们使用以 10 为底、原始频率 +1 的对数计算。由于这些数据库规模巨大，我们只采用了能够覆盖年龄和具体性 90% 的数据。SUBTLEX$_{US}$ 中使用的语料库中缺少的词的频率为零，这意味着我们对所有单词都有频率覆盖。

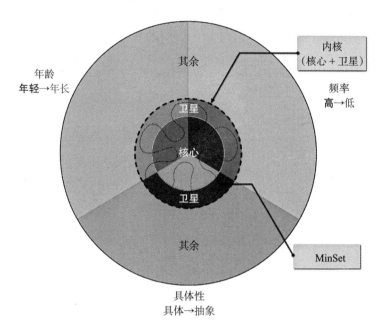

图 5-2　从核心（C）向外移动到内核（K）的卫星（S）层到词典的其余部分（D，大约 80%），单词越来越频繁和年轻（如深色部分所示）（见图 5-1 中用于识别每个结构的箭头）。对于此图的彩色版本，可参见：www.iste.co.uk/sharp/cognitive.zip

5.2.3　数据分析

因为我们可以访问每个词典的所有单词，所以我们在比较这些单词的结构的时候没有进行统计测试。因此，我们选用的数据集并不是从每个词典中抽取的一些样本：这些数据集是整个数据群体，使整个统计估计效果非常好。此外，每一个隐藏结构的观测数据很大，使得几乎每一个边缘数据的微小差异都会导致数据统计结果千差万别。所以，我们依赖于在我们研究的单个词典中复现那些我们已经观察到的结果模式，以确认研究发现的一般性。

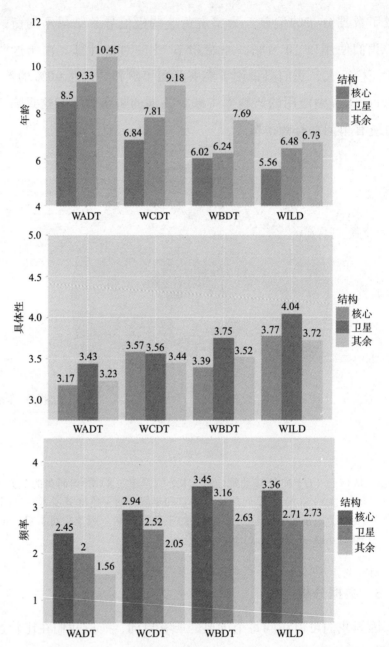

图 5-3　核心（C）、卫星（S）和词典余下部分（D）中的单词频率、年龄和具体
性。顶部：核心中的单词比卫星单词学习得早，后者反过来早于词典
其余部分的学习时间。四个词典中模式相同。中间：对于四个词典中
的三个，卫星词比核心词和词典的其余部分更具体（WADT，WBDT，
WILD）；WCDT 没有具体性模式。底部：核心词比卫星词更频繁，后者
比词典其他部分单词更频繁。对于词频，四个词典的模式是相同的，除
了最小的词典 WILD，这个词典中卫星单词与词典其余部分单词没有显
著差异，有关此图的彩色版本，请访问 www.iste.co.uk/sharp/cognitive.zip

5.3 内核、卫星、核心、MinSet 以及词典余下部分的心理语言学属性

在上文提到的三种心理语言学变量中，内核词（K）与词典（D）余下部分单词差异很大——内核词比词典余下单词使用更加年轻化、更具体、使用频率更高。在比较核心（C）单词和 D 单词的年龄分布和频率分布时也得出了同样的结果，但是具体性分布没有这种结果（只有卫星单词（S）比 C 和 D 单词更具体）。因此，当我们从词典余下部分（Rest）向内移动到内核甚至核心范围内时，可以观察到学习年龄和频率（不包括其具体性）效果变得更强，具体情况如图 5-2 左侧所示。对于整体模式，只在两个最小的词典中有两个小的例外：对于 WCDT，在余下三个词典中核心数据（C）和词典数据（D）比卫星数据（S）更具体，而对于 WILD，D 比 S 在使用频率上更高。除去这两个例外，我们研究的结果基本复现了之前在其余 4 个词典中已经观察到的模式 [VIN 16]。

内核数据包含了非常庞大的词语组合，如此大的数据量甚至可以组成一个 MinSet，但是每一个词典的 MinSet 由相同比例的核心（C）和卫星（S）数据组成（在 WADT 中核心比例达到 57%，在 WLID 中核心比例为 88%）。那么，在形成一个 MinSet 的过程中，核心和卫星互相补充了什么？

为了更好地了解 MinSet 中包含哪些内核单词，我们将它们的频率、年龄和具体性与随机选择的内核单词进行了比较。所有 MinSet 都是部分核心和部分卫星。对于给定的词典，一些内核单词存在于所有 MinSet 中，一些不在 MinSet 中，其余的在两者之间。但是，给定词典的 MinSet 数量太大而无法全部枚举，并且无法计算每个卫星和核心单词出现在 MinSet 中

的百分比[⊖]。因此，我们使用 MonteCarlo 模拟来比较每个词典的真实 MinSet 与随机选择大小相同和核心/卫星比率相同的仿真 MinSet。然后，我们分别计算了 MinSet 和仿真 MinSet 之间的每个部分核心和部分卫星的每个心理语言学变量的平均值（见图 5-4）。

除少数例外情况外，我们发现所有 4 个词典的模式都是一样的。真实 MinSet 中的核心词比随机仿真 Minset 中的核心词使用更年轻化、更具体、更频繁。而实际 MinSet 中的卫星词比仿真 MinSet 更年轻化且频率低，而对于具体性则没有观测到明显特征。MinSet 和随机样本之间所有通过 T-test 配对比较得出的结果都非常清晰明显（$p < 0.01$），除了 WBDT 的 MinSet 的卫星部分的具体性无法体现。

⊖ 图 D 是词典图（或简称词典），如果其每个节点（单词）w 具有至少一个前导（定义单词）w'。D 的所有单词的集合由 W 表示，并且其弧组（从每个前导单词 w' 到每个被定义的单词 w 的定向链接）由 L 表示。

D 的子词典是 W 的子集 D'，具有对于 W 中的任何单词 w 的属性，D 中的 w 的每个前导 w' 也属于 W。从数学上讲，（单词 w 属于 W）和（链接（w', w）属于 L）合在一起表示（w' 属于 W）。

如果 W 是 D 的强连通组件（SCC），则没有 W 的适当子集 W'（即没有子集 W'，使得至少有一个词 w 属于 W 而不属于 W'）是 D 的一个子词典。

因此，子词典总是 SCC 集合的并集：通过缩小每个 SCC（即用一个超级节点替换每个 SCC），我们得到一个非循环图。因此，我们可以称 SCC 组件优于之前给定的 SCC。

非循环图是没有循环的图，即没有如下形式的序列（$w1$, $w2$, $w3$, …, wn, $w1$），其中序列中的每个单词用于依次定义后面的单词。

当且仅当一个集合中 SCC 的前导也属于这个集合时，SCC 集合的并集才是一个子词典。

为了找到核心（C）的 MinSet，我们首先应用某些数据约简办法（参见［LEV 88, LIN 00］）以获得一个称为简化核心的较小图形，并用 C' 表示。为 C' 找到 MinSet 比为 C 本身找到 MinSet 容易，尽管它仍然是一项非常重要的任务。一旦为 C' 找到 MinSet，很容易将其转换为 C 的 MinSet。

对于我们每个词典的 C'，我们已经能够确定它们包含三类词：基本词（如果一个词属于每个 MinSet，则这个词是必不可少的）、多余的单词（如果它不属于任何 MinSet，则这个词是多余的）和普通单词（如果既不是必要的也不是多余的，那么这个词是普通的）。

我们仍然需要将这些结果扩展到核心本身和完整的词典中，但我们很可能会为这些集合找到基本词和多余的单词。

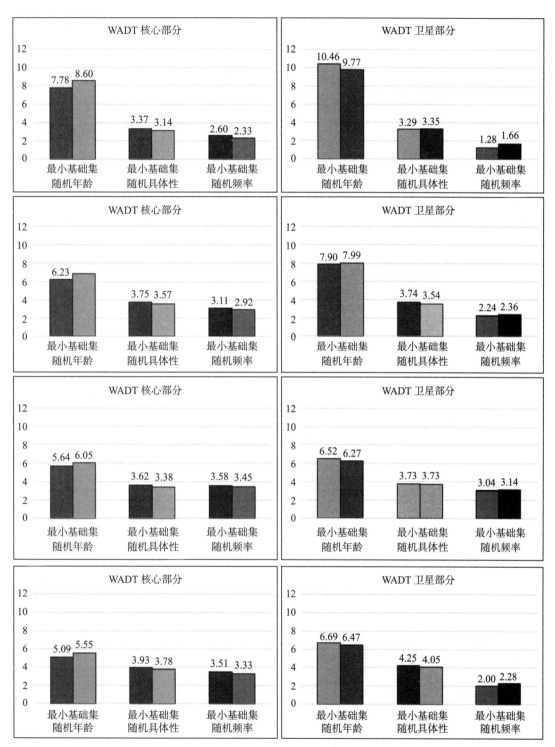

图 5-4　实际 MinSet 与随机仿真 MinSet 中的词频、年龄、具体性。与同等比例的核心和卫星词的随机样本相比，MinSet 中的核心 / 卫星差异被放大。有关此图的彩色版本，请访问 www.iste.co.uk/sharp/cognitive.zip

5.4 讨论

我们的研究结果表明，在我们从词典余下部分移动到卫星层再移动到核心的过程中，除了单词整体趋势变得更年轻、更频繁之外（在 MinSet 中这种效果更突出），在卫星层也发现了一些不同的变化——卫星层中的单词比深层次核心单词与词典余下部分更为具体。卫星层单词更加具体，并且它们在每一个 MinSet 中都是必不可少的。我们依然未曾发现在形成 MinSet 的过程中卫星（S）单词和核心（C）单词的作用是什么，我们也尚未发现 MinSet 之间存在什么差异。我们不敢确定是否能够从直接经验中学习一个 MinSet，并且从口头定义中学到其他东西，但是我们的研究结果的确表明，从词汇表征的本质来看原则上这是可能的。

在这项工作中，我们将之前的分析结果应用于 4 个新词典中（这 4 个词典在之前研究中未曾使用过）。我们的目的有两个。首先，我们希望复现我们的发现结果，并将我们既已发现的隐藏结构体现在每一个词典中。其次，Wordsmyth 中的三个较小的词典是专为不同阶段的学习者设计的，这样的设计使他们可以在学习语言的过程中表现得更有兴趣。当我们从高级的词典（WADT）转向最简易的词典（WILD）时，内核的相对比例显著增加，其中结构的相对大小（S、C、M）也相应增加。从中可以得到的一个结论是：小词典可以获得更大的内核。然而，我们之前研究大量词典得到的结果并非如此（在这些词典中，尽管词典大小存在差异，但内核仍然保持在词典中占比 8% ～ 12%［VIN 16］）。一种可能的解释是，三个小型 Wordsmyth 词典中内核占比很大，从而这些词典包含更大比例的"基础词汇"，因此才能被特意选中，用于英语语言教学。

这些结果对于理解符号基础以及词义的学习和心理表征具有重

要意义。为使语言学习者能够从口头定义中学习并且理解单词意思，他们必须依据现有词汇理解定义中的这些单词，或者至少理解定义中的单词的定义。他们需要一套已经成熟的单词定义，这些单词的定义足以使他们理解口语中任何其他单词的意思，前提是他们能够通过单词学习其含义。在确定可以通过口语交流获得所有更进一步的词之前，必须确认理解基础集；因此，我们期望可以更早地习得基础集。更频繁地使用基础集中的单词也可以更好地理解基础集，因为这些单词更频繁地被用于定义和解释余下单词。

基础单词的具体性也是可以预料的，因为不是来自口头定义的词义必须通过非语言手段获得，而那些非语言手段可能是通过直接感觉运动经验分辨类别：学习做或者不做什么样的事情［HAR 10, PÉR 16］。那么，我们可以很容易地将我们已经学习到的非口语的类别与那些语言组织官方定义的（任意）名称联系起来［BLO 13］。因此，表示感觉运动类别的单词可能变得更具体。

然而，分类本质也是抽象概念：挑出事物的某些特征，而忽略其他特征。我们学习什么样的东西、选择做或是不做（包括怎么称呼它们）的方式，并不是简单地通过死记硬背原始的感觉运动经验就可以知道的。为了能够用正确的方法做正确的事情，我们通过反复试验感觉运动的相互作用来检测和抽象区分一个类别中成员和非成员的特征，在此过程中我们忽视其他无关紧要的特征。分类服务中的抽象过程又导致高阶类别，因此更可能是口语类别，而不是单纯的感觉运动类别。例如，基于感官反射不同和吃法不同，我们可以对"香蕉"和"苹果"进行不同的分类；但是高阶类别分类如"水果"在非语言层面区别并不显著，更具有抽象性。还有一种可能性是抽象分离一些感觉运动特征（这些感觉特征可以从一个非语言的具体类别中区分成员和非成员），我们不仅仅将这些成员以相同的类别来命名，而是继续抽象，并以它们本身的特征（黄色、红色、圆形、细长形）来命名。在形成基础集时，也许为更抽象、更高阶类目命名与更具体的类别及其名称一样重要，这可能与 MinSet 形成过程中卫星单词集所担当的互补功能角色有关。

最后，语言的词汇——我们的类别库——是开放式的，并且一直在增长。要理解含义的基础，我们不仅要看到儿童、青少年和成人词汇（包括接受性和产出性）的跨越时间的增长，还要看到语言本身词汇跨越时间的增长（历时语言学），为了更好地获得可以定义余下单词的词汇全部能力，我们需要了解掌握哪些单词是必要的［LEV 12］。我们已经讨论过 MinSet，显然，这样的集合还可能有很多，但是目前尚不清楚是否有人只使用一个 MinSet，也不能确认是否只需要以口头方式学习某一个 MinSet 就可以学习到所有知识。几乎可以肯定，我们的基础集需要一些裁剪。毕竟，内核只是 MinSet 的五倍。也许我们甚至不需要学习一个完整的基础集就可以勉强进行口语交流；也许我们可以（通过肢体语言）弥补口语交流过程中的不足（当然，小孩在牙牙学语的最初阶段不得不这么做）。即使在已经完全掌握足够多 MinSet 中的单词，甚至是整个内核单词的情况下，我们也不能确定单独使用口头定义的方法就是学习所有后续单词含义的最佳方式。为了使得以下这些情况（在没有感觉运动"输出"［BLO 13］的前提下，单纯通过口语方式"表达"，通过重组主语 / 谓语命题学习新的类别）从原则上成为可能，语言或许已发生了进化。然而在实践中，我们仍然可以通过借助肢体语言与口语表达相结合的方式学习新单词意义。

局限性

在解释这些结果时，必须考虑许多近似和简化。我们将定义视为一个无序的单词串，既不包括虚（停用）词，也不使用任何句法结构。许多单词有多重含义，我们只使用每个单词的第一个含义。提取 MinSet 的问题属于 NP 难题。在词典图的特殊情况下（基于核心非常大，并被小型卫星包围的经验事实）我们已经能够利用 Lin 和 Jou［LIN 00］的算法和整数线性规划技术（如［NEM 99］)，为 Wordsmyth 词典提取一些 MinSet，我们在这里得到的结果也可以应用于其他英语词典［VIN 16］，如 Merriam-Webster 和 WordNet［FEL 10］。现在，分析结果正在扩展到其他语言的词典。

5.5 未来工作

为了比较新出现的词典的隐藏结构与词汇意义在思维中（"心理词汇库"）的表现方式，我们还创建了一个在线词典游戏，首先给予玩家一个词来定义；然后，他们必须定义用于定义这个单词的单词，以此类推，直到他们定义了他们使用过的所有单词。这会生成一个更容易处理的小词典（通常少于 200 个单词；见图 5-5 和图 5-6）⊖：http://lexis.uqam.ca:8080/dictGame。

我们目前正在对这些小得多的迷你词典进行相同的分析，得出它们的内核、核心、卫星和 MinSet，以及它们的心理语言学关联（学习年龄、具体性、频率），以确定这些内在的"心理"词典是否共享我们在正式外部词典中发现的隐藏结构和功能（见图 5-5

⊖ 图 5-5 和图 5-6 显示了 37 个单词的迷你字典，因为它足够小，可以一目了然地显示隐藏的词典图结构。它是在我们添加新规则之前生成的（该规则不允许定义只是一个同义词）：在游戏的最新版本中，定义必须至少是两个实词（我们最终也可能排除二阶循环［A = B + C，B = C + 非 A，C = A + 非 B］)。然而，必须记住（由于符号接地问题）每个词典必然是近似的并且（在某种程度上）产生循环（所有SCC（除了少数单字 SCC 之外）都是循环的）。无论是全集词典还是由一个玩家生成的游戏迷你词典，都是如此。定义只能传达新的意义，但是如果心里已经有足够的旧知识，就不需要外在的"定义"理解新知识了。

和图 5-6）。这些迷你词典还允许我们分析构成 MinSet 的卫星词和核心词之间功能上的差异，这项工作对于全集词典来说要困难得多。

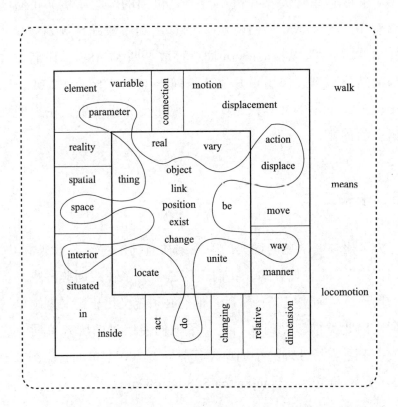

图 5-5   迷你词典图。该图与图 5-1 相同，但用真实的单词提供了一个具体的例子。这个 37 个单词的迷你词典是由我们的在线词典游戏的玩家生成的：给予玩家一个单词，玩家必须定义该单词，以及用于定义它的所有单词，以此类推，直到定义了所有使用的单词。到目前为止最小的结果词典（37 个单词）用于说明迷你词典的内核和核心，以及其中一个 MinSet。请注意，除了起始单词、"walk" "locomotion" 和 "means" 之外，此迷你词典中的所有单词都在内核中。图 5-6 显示了这个迷你词典的图

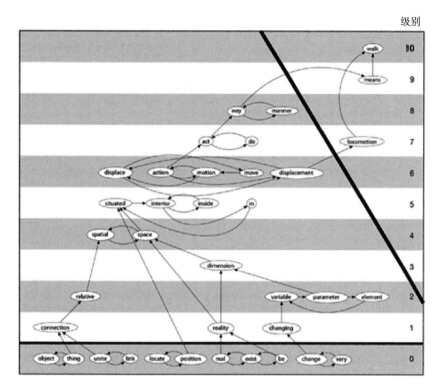

图 5-6　迷你词典图。显示了定义链接的图 5-5 中的迷你词典图。请注意，在这个特别小的迷你词典中，与全集词典和许多其他迷你词典不同，核心（级别 0）中的单词（而不是单个最大的 SCC）是多个 SCC 的并集。倾斜的粗体线将内核与此迷你词典的其余部分中的（三个）单词分开

5.6　参考文献

[BLO 08] BLONDIN-MASSÉ A., CHICOISNE G., GARGOURI Y. et al., "How is meaning grounded in dictionary definitions?" *TextGraphs-3 Workshop – 22nd International Conference on Computational Linguistics*, available at: http://www.archipel.uqam.ca/657/, 2008.

[BLO 13] BLONDIN-MASSÉ A., HARNAD S., PICARD, O. et al., "Symbol grounding and the origin of language: from show to tell", in LEFEBVRE C., COMRIE B., COHEN H. (eds), *Current Perspective on the Origins of Language*, John Benjamins Publishing Company, Amsterdam, 2013.

[BRY 09] BRYSBAERT M., NEW B., "Moving beyond Kučera and Francis: a critical evaluation of current word frequency norms and the introduction of a new and improved word frequency measure for American English", *Behavior Research Methods*, vol. 41, no. 4, pp. 977–990, 2009.

[BRY 14] BRYSBAERT M., WARRINER, A.B., KUPERMAN V., "Concreteness ratings for 40 thousand generally known English word lemmas", *Behavior Research Methods*, vol. 46, no. 3, pp. 904–911, 2014.

[FEL 10] FELLBAUM C., *WordNet*, Springer, Netherlands, 2010.

[FOM 08] FOMIN F.V., GASPERS S., PYATKIN A.V. *et al.*, "On the minimum feedback vertex set problem: exact and enumeration algorithms", *Algorithmica*, vol. 52, no. 2, pp. 293–307, 2008.

[HAR 90] HARNAD S., "The symbol grounding problem", *Physica D*, vol. 42, pp. 335–346, 1990.

[HAR 05] HARNAD S., "To cognize is to categorize: cognition is categorization", in LEFEBVRE C., COHEN H. (eds), *Handbook of Categorization*, Elsevier, Amsterdam, 2005.

[HAR 10] HARNAD S., "From sensorimotor categories and pantomime to grounded symbols and propositions", in TALLERMAN M., GIBSON K.R. (eds), *The Oxford Handbook of Language Evolution*, Oxford University Press, Oxford, 2010.

[KAR 72] KARP R.M., "Reducibility among combinatorial problems", in MILLER R.E., THATCHER J.W., BOHLINGER J.D. (eds), *Proceedings of a Symposium on the Complexity of Computer Computations*, IBM Thomas J. Watson Research Center, New York, 1972.

[KUP 12] KUPERMAN V., STADTHAGEN-GONZALEZ H., BRYSBAERT M., "Age-of-acquisition ratings for 30,000 English words", *Behavior Research Methods*, vol. 44, no. 4, pp. 978–990, 2012.

[LAP 12] LAPOINTE M., BLONDIN-MASSÉ A, GALINIER P. *et al.*, "Enumerating minimum feedback vertex sets in directed graphs", *Bordeaux Graph Workshop*, Bordeaux, 2012.

[LEV 12] LEVARY D., ECKMANN J.P., MOSES E. *et al.*, "Loops and self-reference in the construction of dictionaries", *Physical Review X*, vol. 2, no. 3, pp. 031018, 2012.

[LEV 88] LEVY H., LOW, D.W., "A contraction algorithm for finding small cycle cutsets", *Journal of Algorithms*, vol. 9, no. 4, pp. 470–493, 1988.

[LIN 00] LIN H.M., JOU J.Y., "On computing the minimum feedback vertex set of a directed graph by contraction operations", *IEEE Transactions on CAD of Integrated Circuits and Systems*, vol. 19, no. 3, pp. 295–307, 2000.

[NEM 99] NEMHAUSER G., WOLSEY L., *Integer and Combinatorial Optimization*, John Wiley & Sons, New York, 1999.

[PAR 98] PARKS R., RAY J., BLAND S., *Wordsmyth English Dictionary/Thesaurus [WEDT]*, University of Chicago, Chicago, 1998.

[PÉR 16] PÉREZ-GAY F, SABRI H., RIVAS D. *et al.*, "Perceptual changes induced by category learning", *23rd Annual Meeting Cognitive Neuroscience Society*, New York, April 2016.

[VIN 16] VINCENT-LAMARRE P., BLONDIN M.A., LOPES M. *et al.*, "The latent structure of dictionaries", *Topics in Cognitive Science*, 2016.

用于词义消歧的直推式学习博弈

Rocco Tripodi, Marcello Pelillo

本章介绍了一种半监督的词义消歧方法，其根据进化博弈论制定，每个要消除歧义的单词表示为一个玩家，而每种行为都将作为一种策略。玩家可获得与其他玩家互动的奖励，这使他们有动力选择具有更高回报的策略。玩家之间的互动用加权图来建模，并且假设一些玩家具有已定义的策略（标记的玩家），而其他玩家必须选择他们的策略（未标记的玩家）。信息通过图从标记的玩家传播到未标记的玩家，从而利用来自不同来源的信息：单词相似度用于衡量交互的重要性，词义相似度决定博弈收益。通过这种方式，相似的玩家之间相互影响，选择相关的意义。该方法已经在具有不同数量的标记词的四个数据集上进行了测试。实验结果表明，与现有技术相比，所提出的方法表现良好。

6.1　引言

词义消歧（WSD）是识别单词的预期意义的任务，是以计算单词上下文信息的方式完成的［NAV 09］。理解自然语言的模糊性被认为是一个 AI 难题［MAL 88］。像这样的计算问题是人工智能和自然语言处理的核心目标，因为它们旨在解决大脑运作的认识论问题。自 NLP 初始它就被研究过［WEA 55］，这是该学科目前的中心主题。

识别句子中单词的预期含义是一项艰巨的任务。之所以会发生这种情况，是因为人们习惯以不同的方式使用文字而不仅仅是字面意思，这种习惯会造成误解。要解决这个问题，不仅要求对语言有深入的了解，还要成为这门语言的积极发言者。此外，随着时间的推移，语言在演化过程中会随着说话者使用方式的变化而变化，这导致新词和新词义的形成，只有语言的积极发言者才能理解。实际上，积极发言者可以根据表达单词的上下文内容来识别单词的预期含义。

WSD 也是文本蕴涵［DAG 04］、机器翻译［VIC 05］、意见挖掘［SMR 06］和情感分析［REN 09］等应用程序的核心主题。这些应用程序需要将消除含糊不清的词语作为初步过程；否则，它们仍然停留在这个词的表面［PAN 02］，从而损害了待分析数据的一致性。

我们的 WSD 处理方法是一种基于数据表示方式的图，其中相似度基于比较词义和句中的单词，并用博弈理论术语表达，从而组合这些信息并找到数据的一致性标签。它旨在最大化文本的一致性，强调文本中每个单词的含义必须与其中其他单词的含义相关。为此，我们利用分布信息和邻近信息来衡量每个单词对其他单词的影响。我们还利用语义相似度信息来加权词义之间的兼容性，并使用直推式学习原理在图上传播信息。

本章的其余部分结构如下：6.2 节介绍了基于图的 WSD 算法；6.3 节介绍了我们的半监督学习方法和博弈论的一些概念；6.4 节继续介绍本章中的方法；最后是 6.5 节，其中介绍了对系统的评估以及我们的方法与最先进算法的比较。

6.2　基于图的词义消歧

基于图的 WSD 算法试图利用内容的上下文信息，在特定短语中识别单词的实际意义。它们在 NLP 社区中获得了很多关注。这是因为图论是一种强大的工具，可以用于不同的目的，从上下文信息的组织到词义之间关系的计算。这些测量构建了一个图，收集文本中单词的所有可能的意义，并将它们表示为节点。然后，通过使用连通性测量可以识别图中最相关的词义 [SIN 07，NAV 07a]。

Navigli 和 Lapata [NAV 07a] 对无监督的 WSD 进行了图连通性测量的广泛分析。他们使用知识库（如 WordNet）来收集和组织在图结构中需要消除歧义的单词的所有可能的词义，然后使用知识库来搜索图中每对词义之间的路径，如果存在，它会将此路径上的所有节点和边添加到图中。这些测量分析了图的局部和全局属性。研究结果表明，局部测量优于全局测量，特别是度量中心和PageRank [PAG 99] 取得了最佳结果。

PageRank [PAG 99] 是最受欢迎的 WSD 算法之一，事实上，它已经由研究机构 [MIH 04，HAV 02，AGI 14，DEC 10] 以几种不同的方式实施。它将文本中单词的意义表示为图形的节点。它使用知识库来收集文本中单词的词义，并将它们表示为图形的节点。知识库的结构用于在有向图中将每个节点与其相关的词义连接起来。该算法的主要思想是，无论何时存在从一个节点到另一个节点的链接，其都会产生投票，从而增加投票节点的等级。它的工作原理是计算节点链接的数量和质量，以确定节点在网络中的重要程度。基本假设是更重要的节点可能从其他节点接收更多链接 [PAG 99]。利用这个想法，可以使用以下等式迭代计算图中节点的排名：

$$Pr = c\,\boldsymbol{M}\,Pr + (1 - c)\,\boldsymbol{v}$$

其中 $\boldsymbol{M}$ 是图的转移矩阵，$\boldsymbol{v}$ 是表示概率分布的 $N \times 1$ 向量，c 是所谓的阻尼因子，其表示过程结束并从随机节点重新开始的机会。在过程结束时，每个单词都与最重要的概念相关联。该框架的一个问题是标注过程被认为是不一致的。

SUDOKU 是一种改进的中心性算法，是由 Manion 和 Sainudiin［MAN 14］引入的。它是一种迭代方法，可以同时构建图和使用中心函数消除单词歧义。它首先在图中插入对应于具有低多义性的词的节点。这种方法的优点是在过程开始时使用小图，降低了问题的复杂性；此外，它可以用于不同的中心性测量。

最近，［CHA 15］引入了基于无向图的模型。该方法将 WSD 问题解释为马尔可夫随机场上的最大后验查询［JOR 02］。其使用句子的实词作为节点来构建图，如果它们共享关系则使用边将它们连接起来（使用依赖性解析器确定关系）。图模型中的每个节点可以采用的值包括相应单词的词义，并使用知识库收集词义和基于知识库中词义频率的概率分布加权。此外，使用相似性度量对两个相关词之间的词义进行加权。这种方法的目标是在给定句子的依赖结构、词义的频率和它们之间的相似性的情况下，最大化句子中所有单词的词义的联合概率。

Babelfy［MOR 14］是一种新的基于图的半监督方法，用于处理多语言 WSD［NAV 12b］和实体链接问题。多语言 WSD 是一项重要任务，因为传统的 WSD 算法和资源主要集中在英语语言上。它利用来自大型多语言知识库如 BabelNet［NAV 12a］的信息，来执行此任务。Babelfy 创建要消除歧义的每个单词的语义标签，包括从语义网络收集与特定概念相关的所有节点，从而利用网络的全局结构。该过程构建整个文本的基于图的表示。然后，应用 Random Walk with Restart［TON 06］来找到网络中最重要的节点，解决了 WSD 问题。

Araujo［ARA 07］描述了与我们的问题表述中更相似的方法，并且 Menai［MEN 14］引入了一种特定的 WSD 演化方法。它使用遗传算法［HOL 75］和模因算法［MOS 89］来改善基于注释的方法的性能。它假定存在一群个体，其代表要消除歧义的单词的所有意义，并且在该群体中选择最佳候选者。选择过程被定义为语义相似度函数，其为具有特定特征的候选者提供更高的分数，从而增加其适应性。重复该过程直到群体的适应性水平正常化，最后选择具有较高适应性的候选者作为问题的解决方案。

6.3　半监督学习方法

我们的方法使用一些标记节点在图上传播信息，以一致的方式消除未标记节点的歧义。这个过程基于两个基本原则：同源性原则（借鉴社会网络分析）和直推式学习。前者只是说类似的对象应该具有相同的类［EAS 10］。我们扩展了这个原则，假设相似的对象预计会有类似的类；在马尔可夫随机场框架内，［KLE 02］也有同样的想法。后者是半监督学习的案例［SAM 11］，特别适用于关系数据（见 6.3.1 节）。

在我们的系统中，使用图来建模数据的几何形状，并使用演化过程在其上传播信息。6.4.1 节描述了图构建方法，6.4.4 节描述了演化过程。这项工作扩展了我们以前关于无监督和半监督 WSD 的工作［TRI 15a，TRI 17］。

6.3.1　基于图的半监督学习

Vladimir Vapnik［VAP 98］引入了直推式学习，这是因为它比归纳学习更容易。归纳学习试图学习解决特定问题的一般功能，而直推式学习试图学习当前问题的特定功能。

这里包括一些已标注的对象 (x_i, y_i) $(i = 1, 2, \cdots, 1)$，其中 $x_i \in \mathbb{R}^n$ 是由实值属性表示的对象，$y_i \in (1, 2, \cdots, m)$ 是这些对象可能对应的标签。除了标注的对象以外，还有一个未标注对象的集合 $(x_{l+1}, \cdots, x_{l+k})$。直推式学习不是为了对将来的例子进行分类而找到一般规则，而是旨在仅利用从标注的信息中对（这 k 个）未标记的对象进行分类。

在这个框架内，通常将数据几何表示为加权图。有关该领域的算法和应用的详细描述，即命名图转换，参考［ZHU 05］。这种方法的目的是利用图结构，将已标注的点给出的信息转移到未标注点上。形式上，我们有一个图 $G = (V, E, w)$，其中：V 代表的是所有已标注的点和未标注的点，$V = V \{v_l, v_u\}$；E 是连接图中节点的所有边的集合，$E \subseteq V \times V$；$w : \varepsilon \to \mathbb{R}^+$（$\varepsilon \in E$）是一个权值函数，赋予每条边一个相似的权值。直推式学习的任务是估计未标记点的标签，因为数据点和一组可能的标签 $\varphi = \{1, \cdots, c\}$ 有相似之处。

6.3.2 博弈论和博弈动态

博弈论是由冯·诺依曼和摩根斯坦［VON·44］提出的，目的是在互动情景下建立决策的基本模型。在其规范形式的表示中，包括一个有限的玩家集合 $I = \{1, \cdots, n\}$，一个针对每个玩家的策略集合 $S_i = \{S_1, \cdots, S_m\}$，以及一组效用函数 $S_1 \times \cdots \times S_n \to \mathbb{R}$，其将策略与收益联系起来。每个玩家可以采取一种策略进行博弈，其获得的回报取决于两个玩家同时玩的策略组合（strategy profile）。在非合作的博弈中，玩家将独立选择各自的策略，考虑到不同玩家的玩法，并试图找到在博弈中使用的最佳策略。

玩家可以玩混合策略，这是单一策略的概率分布。混合策略可以定义为向量 $x = \{x_1, \cdots, x_m\}$，这里的 m 是单一策略的数目，且每一个分量 x^h 代表一个玩家选择第 h 个策略的概率。每个混合策略对应于单纯形上的一个点，其中每一个角对应一种策略。

一种策略组合可以被定义为 (p, q)，其中 $p \in \Delta_i$，$q \in \Delta_j$。这种策略组合的预期收益的计算公式为：

$$u_i(p, q) = p \cdot A_i q$$

和

$$u_j(p, q) = q \cdot A_j p$$

其中 A_i 和 A_j 分别是玩家 i 和玩家 j 的收益矩阵。

在进化博弈论中，有一群代理与邻居反复博弈并更新他们对系统状态的看法，他们会根据之前博弈未出现过的情况以及有效的行动来选择策略，直到系统收敛。如上所述，每个玩家 i 的策略空间被定义为混合策略 x_i。对应于单一策略的收益的计算公式为：

$$u(x_i^h) = \sum_{j=1}^{n} (A_{ij} x_j)^h$$

平均收益是：

$$u(x_i) = \sum_{j-1}^{n} x_i^T A_{ij} x_j$$

其中 n 是博弈中玩家的数量，A_{ij} 是玩家 i 和 j 中的收益矩阵。复制器动态方程［TAY 78］用于找到对应于该博弈的纳什均衡的系统状态：

$$x_i^h(t+1) = x_i^h(t) \frac{u(x_i^h(t))}{u(x_i(t))} \ \forall \ h \in x_i$$

该等式允许优于平均值的策略在每次迭代时增长。每次动态迭代都可以被视为归纳学习过程的一个实例，其中参与者从其他人那里学习如何在确定的上下文中发挥他们的最佳策略。当达到均衡时，我们为每个玩家分配与具有最高值的策略相对应的标签，该标签使用以下等式计算：

$$\phi_i = \operatorname*{argmax}_{h=1, \cdots, m} x_i^h$$

在实验中，我们注意到所选值始终接近 1。

6.4 词义消歧博弈

在本节中，我们将描述如何在博弈理论术语中阐述 WSD 问题，并使用直推式学习原则扩展我们以前的工作 [TRI 15a，TRI 15b，TRI 17]。在 6.4.1 节中，我们将描述如何构建交互图，在 6.4.2 节中，我们描述了如何初始化玩家的策略空间，然后介绍了博弈的收益矩阵和系统动态性。

6.4.1 图构造

图的构造是选择文本中来自知识库的所有单词的过程。其中，知识库如 WordNet [FEL 98]，由 $I = \{1, \cdots, N\}$ 定义，N 代表目标单词的数目。从 I 开始，我们构造了 $N \times N$ 的相似度矩阵 W，其中每个元素 x_{ij} 是单词 i 和 j 之间的相似度。W 对于基于图的算法是个有用的工具，因为它可以作为加权图的加权邻接矩阵来处理。

图构造的关键因素是选择相似性度量，即 sim $(\cdot, \cdot) \to \mathbb{R}$ 来加权图形的边缘。对于我们的实验，可使用 Dice 系数 [DIC 45]，因为它在不同的数据集上表现良好 [TRI 15a，TRI 17]。该度量确定两个单词之间共现的强度，计算如下：

$$\text{Dice}(i, j) = \frac{2c(i, j)}{c(i) + c(j)}$$

其中 $c(i)$ 是单词 i 在大型语料库中出现的总频数，$c(i, j)$ 表示单词 i 和单词 j 共同出现在相同语料库中的频数。这种表述对于降低与其他单词经常共同出现的单词的排名特别有用。对于这项工作的实验，我们使用英国国家语料库 [LEE 92]。相似性图 W 从分布语义学角度对两个目标词的相似性信息进行编码 [HAR 54]。

6.4.2　策略空间

使用知识库创建的玩家策略空间用来收集文本中每个单词的词义库 $S_i = \{1, \cdots, m_i\}$，m_i 是单词 i 的词义数目。然后，对应于博弈空间，其在所有的库中创建了唯一的词义表 $C = (1, \cdots, c)$。

利用该信息，可以初始化每个玩家的混合策略空间 x。它可以使用均匀分布进行初始化，或者考虑来自词义标记语料库的信息，从而为频繁出现的词义分配更大的权重。在前一种情况下，我们使用以下等式初始化每个玩家的策略空间：

$$x_i^h = \begin{cases} m_i^{-1}, & \text{如果} h \text{在} S_i \text{中，} \forall h \in C \\ 0, & \text{其他，} \forall h \in C \end{cases}$$

在后一种情况下，我们根据其等级为每种词义分配概率，为具有高频次的词义分配更高的概率。为了模拟这种情况，我们使用了几何分布，其产生了递减的概率分布。初始化定义如下：

$$x_i^h = \begin{cases} p(1-p)^{r^h}, & \text{如果} h \text{在} S_i \text{中，} \forall h \in C \\ 0, & \text{其他，} \forall h \in C \end{cases}$$

其中 p 是几何分布的参数，决定了概率分布的尺度或分散度。而 r^h 是词义 h 的等级，它的范围为从 1 到 m_i，即从单词 i 最常见的排名到最低频次的排名。这些值除以 $\sum_{h \in C} x^h$，使得它们加起来为 1。在我们的实验中，使用自然语言工具包（3.0 版）[BIR 06] 提供的排名系统，对与每个单词相关的词义进行排序来消除歧义。

6.4.3　收益矩阵

我们将博弈的收益矩阵编码为博弈策略空间中所有词义之间的词义相似度矩阵。以这种方式，两个单词的词义相似性越高，玩家选择该词义并使用与其相关联的策略的激励越高。

$c \times c$ 词义相似度矩阵 A 由以下等式定义：

$$a_{ij} = \text{sim}\,(a_i, a_j)\forall_i, j \in C : i \neq j$$

可以使用从用于构建博弈的策略空间的相同知识库导出的信息来计算该矩阵。它用于提取玩家 i 和玩家 j 之间所有单场比赛的部分收益矩阵 A_{ij}。可通过从 A 中提取相对于语义库 S_i 和 S_j 的语义条目来执行该操作。这里生成了一个 $m_i \times m_j$ 的收益矩阵，其中 m_i 和 m_j 分别是 S_i 和 S_j 的词义数目。

我们在这项工作中使用的语义度量是 Gloss Vector 度量［PAT 06］，因为它已经被证明在不同的数据集中具有稳定的性能［TRI 17］。它基于词汇数据库中两个概念的定义之间相似性的计算。其采用词袋方法为每个概念 i 构造一个共现向量 $v_i = (v^1, v^2, \cdots, v^n)$，其中 v^h 表示在注释中出现单词 v 的次数，n 是语料库中不同单词的总数。从该表示中，可以使用余弦距离计算两个向量之间的相似性：

$$\cos\theta \frac{v_I \cdot v_j}{\|v_i\|\|v_j\|}$$

可使用［PAT 06］引入的 super-gloss 的概念构建向量，它是 synset 的 gloss 与在知识库中有联系的同义词集的 gloss 串联。

6.4.4　系统动力学

在系统的每次迭代中，每个玩家基于图 W 与其邻居 N_i 玩博弈。第 h 个策略的收益计算如下：

$$u\,(x^h) = \sum_{j \in N_i} (w_{ij} A_{ij} x_j)^h$$

玩家的收益为：

$$u\,(x) = \sum_{j \in N_i} x_i^{\mathrm{T}}\,(w_{ij} A_{ij} x_j)$$

其中 N_i 代表玩家 i 的邻居。我们假设单词 i 的收益取决于：它与单词 j 的相似性 w_{ij}；它的意义与单词 j 的相似性 A_{ij}；以及单词 j 的意义偏好 x_j，如果 j 是带标签的玩家，则明确无误。

我们使用复制器动态方程（见 6.3.2 节）来找到博弈的纳什均衡。在动态的每个阶段，选择过程允许出现具有更高收益的策略，并且在过程结束时，每个玩家根据这些约束选择语义。

6.5　评估

在本节中，我们将展示评估的实验设置，并将我们的系统与其他优秀算法做比较。

6.5.1　实验设置

我们使用三个细粒度数据集来评估算法：Senseval-2 英语全字[⊖]（S2）[PAL 01]、Senseval-3 英语全字[⊖]（S3）[SNY 04]、SemEval-2007 全字[⊜]（S7）[PRA 07]。以及一个粗粒度数据集，即 SemEval-2007 英语全字[⊛]（S7CG）[NAV 07b]。使用 WordNet 作为知识库。表 6-1 列出了数据集的描述。

表 6-1　数据集中每个文本的目标词和句子数

数据集	文本	句子数	目标词数	句子总数
S2	1	670	2195	
S2	2	997	1836	2387
S2	3	720	1916	
S3	1	783	2472	
S3	2	633	1426	2007
S3	3	591	1881	

㊀　www.hipposmond.com/senseval2

㊁　http://www.senseval.org/senseval3

㊂　http://nlp.cs.swarthmore.edu/semeval/tasks/index.php

㊃　http://lcl.uniroma1.it/coarse-grained-aw

（续）

数据集	文本	句子数	目标词数	句子总数
S7	1	111	593	
S7	2	150	798	455
S7	3	194	1035	
S7CG	1	368	1287	
S7CG	2	379	1473	
S7CG	3	499	1926	2268
S7CG	4	677	1666	
S7CG	5	345	1410	

评估结果表示为 $F1$，计算公式如下：

$$F1 = 2 \cdot \frac{\text{precision} \times \text{recall}}{\text{precision} + \text{recall}}$$

该度量可确定精度和召回率的加权调和平均值。精度定义为正确答案的数量除以提供的答案数量，召回率定义为正确答案的数量除以要提供的答案总数。在我们的评估中，在此计算中排除了标记点。实验中我们注意到精度始终等于召回率，因为系统始终能够提供答案。

我们评估了系统的两个不同版本，一个使用均匀概率分布来初始化博弈的策略空间，另一个使用标注好语义的语料库中的信息（参见 6.4.2 节）。此外，为了使评估不偏不倚，我们展示了系统在 25 个实验中的平均值和标准差结果，这些实验具有不同规模的随机选择标记点。

6.5.2 评估结果

评估结果如图 6-1 和图 6-2 所示，其中显示了 6.4.2 节中描述的两个初始化结果：均匀（图 6-1）和几何（图 6-2）。

从图 6-1 和图 6-2 中可以看出，我们的系统在 S7CG 上的性能与其他系统有很大不同。这是因为该数据集是粗粒度的，这意味着每个单词的消歧不仅限于一种词义（如细粒度数据集），而是一组相似的词义。

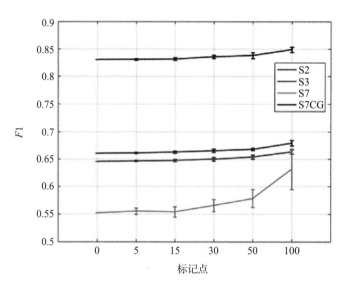

图 6-1　均匀分布。结果为 $F1$ 值随着标记节点数量变化的曲线。此图的彩色版本请访问 www.iste.co.uk/sharp/cognitive.zip

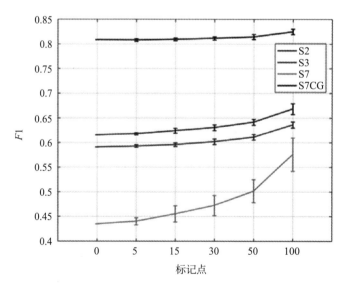

图 6-2　几何分布。结果为 $F1$ 值随着标注节点数量变化的曲线。此图的彩色版本请访问 www.iste.co.uk/sharp/cognitive.zip

需要注意的一个重要方面：随着标记点的增加，系统的性能始终如一。这在 S7 上尤其明显，使用均匀分布时，性能从 0.55 变为 0.63，使用几何分布时则从 0.43 变为 0.57。对于其他数据集，标记点给出的改进范围为 3% ～ 5%。

当我们使用均匀分布来初始化系统的策略空间时，标记点给出的信息更有效。这可以解释为通过使用较少的信息来进行初始化。因此，标记点的存在可以平衡这种缺乏性。

6.5.3　对比先进水平算法

我们使用几何分布来初始化博弈策略空间的系统比较结果如图 6-3 所示。我们将结果与每个数据集中参与每个竞赛的最佳系统进行比较，观察它们的性能是否高于 [ZHO 10][一] 提出的有监督系统。

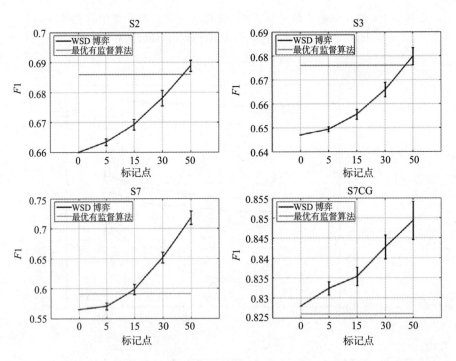

图6-3　使用几何分布标记的节点确定 $F1$ 的结果。将结果与每个数据集上的最佳有监督系统进行比较。此图的彩色版本见 www.iste.co.uk/sharp/cognitive.zip

---

一　该系统在 S7CG 和 S3 上取得了更好的效果。

从图 6-3 中可以看出，在 S7CG 上，我们系统的性能高于没有使用标记点的有监督系统。此设置与［TRI 17］中提出的设置相同。在其他数据集上，可以看到我们系统的性能遵循类似的趋势。实际上，在 S2 和 S3 上要求有 50 个点优于有监督系统，在 S7 上要求 15 个点。这些数字分别对应于 S2、S3 和 S7 的 2.09%、2.49% 和 3.29%。

6.6　结论

在这项工作中，基于博弈论和一致标记原则，为 WSD 提出了基于图的半监督系统。实验结果表明，我们的方法提高了传统方法的性能，并且只需要少量标记点就能胜过有监督系统。这些系统需要用于训练的大型语料库。这些资源很难创建，并且不适合特定领域的任务。系统从少量标记数据中的关系和上下文信息推断出目标词的含义。事实上，标记点的信息不仅被本地中的邻近词使用，而且还在图上传播，并由我们的博弈论框架获得的动态系统全局使用。

6.7　参考文献

[AGI 14] AGIRRE E., DE LACALLE O.L., SOROA A., "Random walks for knowledge-based word sense disambiguation", *Computational Linguistics*, vol. 40, no. 1, pp. 57–84, 2014.

[ARA 07] ARAUJO L., "How evolutionary algorithms are applied to statistical natural language processing", *Artificial Intelligence Review*, vol. 28, no. 4, pp. 275–303, 2007.

[BIR 06] BIRD S., "NLTK: the natural language toolkit", *Proceedings of the COLING/ACL on Interactive Presentation Sessions*, pp. 69–72, 2006.

[CHA 15] CHAPLOT D.S., BHATTACHARYYA P., PARANJAPE A., "Unsupervised word sense disambiguation using Markov random field and dependency parser", *AAAI*, pp. 2217–2223, 2015.

[DAG 04] DAGAN I., GLICKMAN O., "Probabilistic textual entailment: generic applied modeling of language variability", *Proceeding of Learning Methods for Text Understanding and Mining*, pp. 26–29, 2004.

[DEC 10] DE CAO D., BASILI R., LUCIANI M. *et al.*, "Robust and efficient page rank for word sense disambiguation", *Proceedings of the 2010 Workshop on Graph-based Methods for Natural Language Processing*, pp. 24–32, 2010.

[DIC 45] DICE L.R., "Measures of the amount of ecologic association between species", *Ecology*, vol. 26, no. 3, pp. 297–302, 1945.

[EAS 10] EASLEY D., KLEINBERG J., *Networks, Crowds, and Markets*, Cambridge University Press, Cambridge, 2010.

[FEL 98] FELLBAUM C., *WordNet*, Wiley Online Library, 1998.

[HAR 54] HARRIS Z.S., "Distributional structure", *Word*, vol. 10, nos. 2–3, pp. 146–162, 1954.

[HAV 02] HAVELIWALA T.H., "Topic-sensitive PageRank", *Proceedings of the 11th International Conference on World Wide Web*, pp. 517–526, 2002.

[HOL 75] HOLLAND J.H., *Adaptation in Natural and Artificial Systems: an Introductory Analysis with Applications to Biology, Control, and Artificial Intelligence*, University of Michigan Press, Ann Arbor, 1975.

[JOR 02] JORDAN M.I., WEISS Y., "Graphical models: probabilistic inference", in ARBIB M.A. (ed.), *The Handbook of Brain Theory and Neural Networks*, MIT Press, Cambridge, 2002.

[KLE 02] KLEINBERG J., TARDOS E., "Approximation algorithms for classification problems with pairwise relationships: metric labeling and Markov random fields", *Journal of the ACM (JACM)*, vol. 49, no. 5, pp. 616–639, 2002.

[LEE 92] LEECH G., "100 million words of English: The British National Corpus (BNC)", *Language Research*, vol. 28, no. 1, pp. 1–13, 1992.

[MAL 88] MALLERY J.C., Thinking about foreign policy: finding an appropriate role for artificially intelligent computers, Masters Thesis, MIT, 1988.

[MAN 14] MANION S.L., SAINUDIIN R., "An iterative sudoku style approach to subgraph-based word sense disambiguation", *Proceedings of the Third Joint Conference on Lexical and Computational Semantics (* SEM 2014)*, pp. 40–50, 2014.

[MEN 14] MENAI M., "Word sense disambiguation using evolutionary algorithms – application to Arabic language", *Computers in Human Behavior*, vol. 41, pp. 92–103, 2014.

[MIH 04] MIHALCEA R., TARAU P., FIGA E., "PageRank on semantic networks, with application to word sense disambiguation", *Proceedings of the 20th International Conference on Computational Linguistics, Association for Computational Linguistics*, p. 1126, 2004.

[MOR 14] MORO A., RAGANATO A., NAVIGLI R., "Entity linking meets word sense disambiguation: a unified approach", *Transactions of the Association for Computational Linguistics*, vol. 2, pp. 231–244, 2014.

[MOS 89] MOSCATO P., "On evolution, search, optimization, genetic algorithms and martial arts: towards memetic algorithms", *Caltech Concurrent Computation Program, C3P Report*, vol. 826, p. 1989, 1989.

[NAV 07a] NAVIGLI R., LAPATA M., "Graph connectivity measures for unsupervised word sense disambiguation", *International Joint Conference on Artificial Intelligence*, pp. 1683–1688, 2007.

[NAV 07b] NAVIGLI R., LITKOWSKI K.C., HARGRAVES O., "SemEval-2007 task 07: coarse-grained English all-words task", *Proceedings of the 4th International*

Workshop on Semantic Evaluations, Association for Computational Linguistics, pp. 30–35, 2007.

[NAV 09] NAVIGLI R., "Word sense disambiguation: a survey", *ACM Computing Surveys (CSUR)*, vol. 41, no. 2, p. 10, 2009.

[NAV 12a] NAVIGLI R., PONZETTO S., "BabelNet: the automatic construction, evaluation and application of a wide-coverage multilingual semantic network", *Artificial Intelligence*, vol. 193, pp. 217–250, 2012.

[NAV 12b] NAVIGLI R., PONZETTO S., "Joining forces pays off: multilingual joint word sense disambiguation", *Proceedings of the 2012 Joint Conference on Empirical Methods in Natural Language Processing and Computational Natural Language Learning*, pp. 1399–1410, 2012.

[PAG 99] PAGE L., BRIN S., MOTWANI R. *et al.*, The PageRank citation ranking: bringing order to the web, Technical report, Stanford InfoLab, 1999.

[PAL 01] PALMER M., FELLBAUM C., COTTON S. *et al.*, "English tasks: all-words and verb lexical sample", *The Proceedings of the Second International Workshop on Evaluating Word Sense Disambiguation Systems*, pp. 21–24, 2001.

[PAN 02] PANTEL P., LIN D., "Discovering word senses from text", *Proceedings of the Eighth ACM SIGKDD International Conference on Knowledge Discovery and Data Mining*, pp. 613–619, 2002.

[PAT 06] PATWARDHAN S., PEDERSEN T., "Using WordNet-based context vectors to estimate the semantic relatedness of concepts", *Proceedings of the EACL 2006 Workshop Making Sense of Sense-Bringing Computational Linguistics and Psycholinguistics Together*, vol. 1501, pp. 1–8, 2006.

[PRA 07] PRADHAN S.S., LOPER E., DLIGACH D. *et al.*, "SemEval-2007 task 17: English lexical sample, SRL and all words", *Proceedings of the 4th International Workshop on Semantic Evaluations*, pp. 87–92, 2007.

[REN 09] RENTOUMI V., GIANNAKOPOULOS G., KARKALETSIS V. *et al.*, "Sentiment analysis of figurative language using a word sense disambiguation approach", *RANLP*, pp. 370–375, 2009.

[SAM 11] SAMMUT C., WEBB G.I., *Encyclopedia of Machine Learning*, Springer, Berlin, 2011.

[SIN 07] SINHAR S., MIHALCEA R., "Unsupervised graph-based word sense disambiguation using measures of word semantic similarity", *ICSC*, vol. 7, pp. 363–369, 2007.

[SMR 06] SMRŽ P., "Using WordNet for opinion mining", *Proceedings of the Third International WordNet Conference*, pp. 333–335, 2006.

[SNY 04] SNYDER B., PALMER M., "The English all-words task", *Senseval-3: Third International Workshop on the Evaluation of Systems for the Semantic Analysis of Text*, pp. 41–43, 2004.

[TAY 78] TAYLOR P.D., JONKER L.B., "Evolutionary stable strategies and game dynamics", *Mathematical Biosciences*, vol. 40, no. 1, pp. 145–156, 1978.

[TON 06] TONG H., FALOUTSOS C., PAN J., "Fast random walk with restart and its applications", *Proceedings of the Sixth International Conference on Data Mining*, pp. 613– 622, 2006.

[TRI 15a] TRIPODI R., PELILLO M., "WSD-games: a game-theoretic algorithm for unsupervised word sense disambiguation", *Proceedings of SemEval-2015*, pp. 329–334, 2015.

[TRI 15b] TRIPODI R., PELILLO M., DELMONTE R., "An evolutionary game theoretic approach to word sense disambiguation", *Proceedings of Natural Language Processing and Cognitive Science 2014*, pp. 39–48, 2015.

[TRI 17] TRIPODI R., MARCELLO P., "A Game-Theoretic Approach to Word Sense Disambiguation", *Computational Linguistics*, vol. 1, p. 43, 2017.

[VAP 98] VAPNIK V.N., *Statistical Learning Theory*, Wiley-Interscience, Hoboken, 1998.

[VIC 05] VICKREY D., BIEWALD L., TEYSSIER M. *et al.*, "Word-sense disambiguation for machine translation", *Proceedings of the conference on Human Language Technology and Empirical Methods in Natural Language Processing, Association for Computational Linguistics*, pp. 771–778, 2005.

[VON 44] VON NEUMANN J., MORGENSTERN O., *Theory of Games and Economic Behavior*, Princeton University Press, Princeton, 1944.

[WEA 55] WEAVER W., "Translation", in LOCKE W., BOOTH D. (eds), *Machine Translation of Languages*, vol. 14, Technology Press, MIT, Cambridge, 1955.

[ZHO 10] ZHONG Z., NG H.T., "It makes sense: a wide-coverage word sense disambiguation system for free text", *Proceedings of the ACL 2010 System Demonstrations, Association for Computational Linguistics*, pp. 78–83, 2010.

[ZHU 05] ZHU X., LAFFERTY J., ROSENFELD R., Semi-Supervised Learning with Graphs, Language Technologies Institute, School of Computer Science, Carnegie Mellon University, 2005.

用心学写：生成连贯文本的问题

Michael Zock, Debela Tesfaye Gemechu

写作是一项艰巨的任务，这不仅仅对高中生或第二语言学习者而言是一项挑战，实际上大多数人也这么认为，包括科学家和博士生在内，甚至他们用母语写作也是困难重重。文本生成涉及几个任务：构思（说什么？）、文本结构化（消息分组和线性化），表达（将内容映射到语言形式）和修订。我们在这里只讨论文本结构化，这可能是最具挑战性的任务，因为它意味着消息的分组（分块）、排序和链接。然而，概念输入的末端往往缺少这种信息。我们的目标是确定此任务的一部分是否可以实现自动化，即用户提供一组输入（要传达的消息），然后让计算机自动构建一个或多个主题树，用户将从中选择。虽然这些树仍然缺乏修辞信息，但从功能上讲，它们具有类似于大纲的作用：减少作者和读者的认知负担。它们帮助作者减少信息冗余，告诉他何时"说"什么（句子和段落的顺序），并帮助读者理解不同部分的功能，即不同部分如何相关？如我们所见，这是一项非常复杂的任务。由于这仅仅是初始的研究，我们将基于一个非常简单的示例来呈现初步结果，并且仅限于特定的文本类型和描述。然而，如果这种方法能很好地适用于这种类型，那么它对于其他文本类型也将起作用。

7.1 问题

自发性发言是一个循环的过程，其中涉及一系列松散有序的任务：概念准备、表述以及清晰度［LEV 89, REI 00］。给定一个目标，我们必须决定说什么（概念化）、如何说（表述方法），以及确保所选择的元素和单词可以集成一个连贯的整体（句子框架）并符合语法规则（语法，词态）。说话本来就是一个艰巨的任务，同时发言者可能会决定开始下一阶段，即开始整合下一阶段构想碎片。给定一个目标，发言者必须构思表达什么以及如何去表达，即（a）找到适合的词语；（b）选择适当的句子框架；（c）把表达的论点安排到正确的位置；（d）添加功能词；（e）进行相应的词态调整；（f）表达清晰。

如果说话已是难题，那么写作会是一项更大的挑战，尽管给予大量的时间做准备。作者不仅需要运用已提到的写作方法，还要能够运用一些其他的重要技巧。其中，一些作者的困难在于语法层面（连接手段：连词、代词、选择适当的限定词等），还有的作者受困于概念层面：知识的分析与概括[⊖]，确定提供的信息与确保参考引用（溥仪，最后一位皇帝，他），消息的组合、排序、衔接，以及聚合（即合并句法成分）等。最后四项操作是最基本的，否则读者可能会误解或根本不理解作者的观点。由于无法理解文本各部分之间的衔接，他／她就无法理解文本整体。这种文档看起来是杂乱无章的。然而，文本的特点是目标、表达与思想，三者通过一系列修辞（让步、反驳等）、概念（时态信息、因果关系、集合包含等）和语言关系（上下文照应、参考链）联系在一起。实际上，很少看到"文本"的元素（命题或句子）仅根据统计信息（权重、频率等）进行关联。

建立文本结构是一项具有挑战性的任务，因为要传达的思想通

⊖ 阅读以下句子："尽管日本和德国之间有许多相近之处，他们却不尽相同。"倘若你认为这所表达的是直接存储进我们的大脑的"事实"，那就大错特错了。事实上，其所表达的内容大概是经过对这两个国家的大量数据分析或是综合解读而得来的。一旦我们开始完成这个任务，我们应该可以很好地总结出这两个国家之间除了一定量的"共性"（风纪、职业道德、洁净和井井有条），还有些许不同：地理位置、宗教信仰、食物（饭／马铃薯，鱼／肉）、行为等。

常缺少贯穿主题的连接，即缺乏能展示不同思想的结合以及不同分块如何相关联的树形结构。而且，思想倾向于以某种顺序出现在脑海中，即联想［IYE 09］。因此，在这种情况下，"概念片段的顺序"是主要的副产品。其依赖于两个词语之间的相对关联强度：主要的（医生）和次要的（目标，如护士）。显然，这种顺序与我们在普通文本中看到的不同。在普通文本中，作者会引导读者从某个起点（问题）过渡至相应结论（终点，解决方案）。总之，我们脑海中想法产生的顺序与终稿完全不同，而终稿具备良好的结构。显然，这种转换并不轻松。更糟糕的是，事实上在概念输入（即传递信息）时，脑海中往往缺少需要排序的信息。这种信息需要在脑海中推断出来。这就是写作比说话更困难的主要原因。让我们通过一些具体的问题来说明这一点。

7.2　次优文本及其相关原因

文本在某种程度上像电影；随着时间的推移，它引入并发展了一些对象。在设定了场景（上下文）之后，导演引入一个主题并以他的角度进行切入，让其向着不同的方向发展。为了让观众理解电影（观点是什么？我们如何找到解决方法？是什么原因导致了这些事情的发生？），导演必须提供线索，从而让观众抓住主题，看到相应的细节并且了解主题的演变（主题的变化，或者回到最初的主题）。在演说中，这是通过语言来完成的，尽管最难的部分都是在脑海中完成的。它们都是由推理和概念性组件来处理的：主题的选择、相对顺序（发展）、连接类型、特定时间各种元素的重要性（焦点）等。如果句子像图片，那么文本更像电影。它们都有一个框架，但电影会随着时间的推移而演变。因此，从认知角度来说，制作一部好电影比抓拍一张好照片的要求更高。

虽然判断一个句子正确与否很容易，但对一个文本做同样的事情却一点也不容易。我们甚至不知道在这种情况下通过是非判断其正确性是否合理。文本的写作水平分布参差不齐，从行云流水到味同嚼蜡之间有很多阶段。一篇文章不能被很好理解的原因有很多：缺乏连贯性或凝聚力、指代错误、语言资源的选择不足等，这只是为说明我们的观点的少量例子。

7.2.1 缺乏连贯性或凝聚力

听人说"约翰去台湾练习法语"会让我们难以理解从句间的联系，然而对于相似的句子"约翰去台湾练习中文"，我们能清楚地理解它的意思，即从句二解释了从句一的成因。因此这段话是连贯的。连贯可能是文本最重要的特征。然而，即使文本缺乏连贯性，它们也很难完全不连贯。读者们有时甚至没有意识到这一点，尽管它会影响文本的可读性。让我们通过一个例子来说明这一点，这是一段缺乏连贯性的连贯文档（见图7-1）：

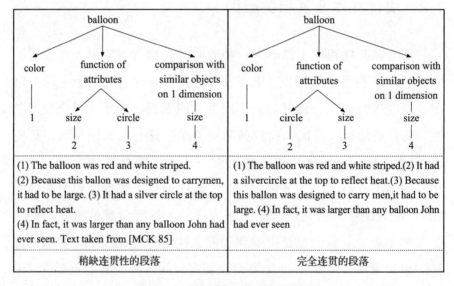

图7-1　连贯性不同的两段文本

两个段落由相同的消息组成，但是在顺序上稍微不同，影响了可读性。左边的文本存在着概念上的混乱。作者首先提供了描述对象的"颜色"信息。随后，他接连提到了它的"大小"和"形态"，然后又反过来对"大小"这一早前已提及的特征做出评论。相对于左边的文本，右边的文本避开了这个雷区，因此变得更加连贯了。

　　文本连贯但缺乏凝聚力同样会降低其可读性。凝聚力往往通过特定的语言手段来表现：上位词、代词、修辞关系等。图 7-2 中的文本由计算机生成，回答了以下问题：“乌拉圭的位置在哪？”左边文本是连贯的，它聚集了关于各种特征的信息：(a) 位置（a～c：经度和纬度）；(b) 周边国家（d～e：南边和西边）；(c) 自然边界（f～h：河流和海岸）。尽管如此，这段文本还是难以阅读。它缺乏整合。它存在着很多可以通过使用衔接词（代词、连词）来避免的不必要的重复。相对于左边的文本，右边的衔接词用得更好，因而更加流畅。

(a) The location of Uruguay is South America. (b)The latitude ranges from -30 to -35 degrees. (c)The longitude ranges from -53 to -58 degrees. (d)The northern and eastern bordering country is Brazil. (e) The western bordering country is Argentina. (f) The boundary is the Uruguay river. (g) The southeastern coast is the Atlantic ocean. (h) The southern coast is the Rio de la Plata. (Example taken from [CAR 70])	(1a-1c) Uruguay lies in South America between -30 to -35 degrees latitude and -53 to 58 degrees longitude. (2d-2e) Its neighbour countries are Brazil in the north and the east, and Argentina in the west. (3f) The boundary between the two of them is the Uruguay river. (4g-4h) Uruguay's natural borders are the Atlantic Ocean in the south-east and the Rio de la Plata in the south
连贯但缺少凝聚力的段落	连贯且富有凝聚力的段落

图 7-2　凝聚力不同的两段文本

7.2.2　错误引用

　　孩子们最初所学到的其中一件事就是参照表达方式［MAT 07］：猫，狗，鼠。然而，生成这些形式并不是一项简单的任务，其中有各种各样的原因。虽然在我们的谈论中，涉及的具体的人或事物是几乎不会改变的，但是用来描述的语言方法却改变了。事实上，它们存在着很大的区别，这取决于我们是否是第一次引用这个具体的人或事物：从前，有一个**国王**，名叫**亨利**。**他**有三个女儿。然而这种形式不仅取决于参照物的内在特征（性别：他／她），还取决于竞争元素。想象一下表 7-1 中的场景，目标指向 e_2。

表 7-1   描述构成场景的元素

实体	类型	特征₁	特征₂
e1	cat	size: small	color: white
e2	dog	size: big	color: black
e3	mouse	size: small	color: gray

理论上，我们可以使用以下 6 种形式中的任何一种：（1）最少的描述和基本的术语（狗），（2）一个更具体的单词（杜宾犬），（3）带有参照物的描述（狗在草坪上），（4）指称角色（牧羊人的狗），（5）他的专有名词（菲多）或（6）一个简单的指代，即代词（它）。虽然这些形式都是正确的，但并不是所有都能很好地适应这种情况。第 1 个例子中，最适合使用一个基本的名词和定冠词。第 5 和第 6（菲多，它）只有在非常特定的情况下才是适合的：已知对象的名称、对象目前处于关注焦点、第二次提及等。第 2 和第 3 过度指定了，因为它们提供的信息超过了标识的目标对象所需的信息。如需了解细节，参考［ZOC 15b］。

7.2.3   无动机的主题转移

文本同时具备层次结构和线性结构。引入实体（对象、主题），然后发展。由于对象可以从多个视角观察，因此标注其视角是很重要的。第一个实体通常是已被描述的主题或场景的观察视角。主题一般局限于一个段落，除非被"广播"，否则它们会保持在原位。参考如下一个由奥康纳（O'Connor）所撰写的小说的段落［OCO 71］：

"肖里太太正看到一辆黑色轿车从高速公路上拐过收费站。在大约十五英尺开外的工具棚旁边，两个黑人，阿斯特和索克，停下了手头上的工作观察。他们**藏在**一棵桑树下，但肖里太太知道他们就在那儿。"

如果作者在最后这句话中使用了主动语态，写成："桑树把它们**藏**起来了，但……"，这段文字在语法上仍然是正确的，却缺乏流畅度。实际上，使用这种特殊的语法处理会引发一个无动机主题转移[⊖]，使得观察视角从"阿斯特和索克"转变到桑树上。

7.3　如何解决任务的复杂性

写作是一项艰巨的任务。为了应对其复杂性，人们想出了形形色色的策略和工具：对整个任务进行分解、增量处理[⊖]、使用外部资源（百科全书、字典）或实物帮助（文本编辑器、笔和纸），从而让他们得以写下想法、制定大纲、打草稿等。

写作的过程不仅仅是反复地写，同时也是不断思索的过程。我们无法单纯地把我们所有的想法倾泻出来；我们必须赋予它们确切的结构和形式。Scardamalia 和 Bereiter ［ SCA 87］提出了*知识告知*和*知识转化*之间的重要区别。初学者会使用第一种方案，按照他们所想的先后次序来大体地表达想法，使得生成文本看起来像一个线性过程，而事实上它是分层的（非线性）［ MAN87］。以其中一个点为核心点，伴有其他附属点，然后从一个层次过渡到下一个层次，等等。知识告知者的方案严重缺乏的是对他自己所使用元素的内容、角色和形式的有目的的反思。作者看起来像是他自己世界里的一个囚徒。相比退一步决定"说什么""什么时候说"和"怎样说"，他 / 她的思维跳跃得太快，以至于无法表达。此外，这样做在很大程度上会受到自身束缚（接下来说什么？），使得一切看起来都像是在同一平面上。

第二种写作模式即通常为熟练作家所用的"*知识转化*"模式，熟练的作家会发展出远比新手复杂的行文脉络（更多的连接、写作目的更优的整合）。知识转化的特征可由包含了有意义的、结构的和概念性的表达（要点）的写作反思过程反映出来。对有声思维法

⊖　请注意，主题转换可以由各种语言手段触发：语态（主动 / 被动）或动词选择（买 /
　　卖）。适当地控制主题很重要，因为读者会相应地解释该句。

⊖　心理学家［ KEM 87］研究了增量处理，他们注意到演讲者是在完全编码之前
　　（即完全指定了信息的所有细节）就开始了表达（发音）。当然，这也适用于写作。

［FLO 80］的分析表明，成熟的作家会在更具体的层面上进行写作之前，通过全局处理抽象层面的写作任务从而拟定计划。在写作的过程中，问题在内容层面（我说的是什么意思？）和形式层面（我怎么表达？）都得到了解决。在写作过程中对两个层面的反思导致了内容和形式的转化，并因而产生了新的想法。

总的来说，专家和新手在写作规划的本质上是有根本区别的。新手的规划是投机取巧的，由局部的限制所驱动，而专家的规划是具备策略性的：他会更为仔细地规划他想说什么和如何表达"事物"。内容、结构和形式主要由作者的目标决定。正如我们所见，写作不是一项简单的任务，同时我们想知道计算机是否能够帮助我们，以及能在何种程度上施以帮助。在此我们只关注其中的一个任务——连贯性，即按类别对消息进行分组。但在此之前，让我们先来看看计算语言学家、认知心理学家和修辞学家所做的工作，他们的理论有很好的应用基础。

7.4　相关研究

让我们先来看看计算语言学家在文本生成方面的著作［REI 00, BAT 16］。他们的研究方向包括根据消息和目标来自动生成文本[一]。因为似乎每个人都默认文本是有结构的［MAN 87］，所以这是正确的研究方向，尽管现有的成果会有人失望。为了避免误解，这个研究方向的学者所做的工作在很多方面都是重要且深刻的。不过，基于这个思路的假设似乎与我们的目标并不相符——我们的目标在于帮助作家写作，即帮助他或她把一些杂乱无章的想法组织成一组构思（至少对读者而言）。

如下是我们认为这个思路与我们的目标不相符合的原因。首先，交互式生成（我们的例子）与自动文本生成有很大不同。其次，大多数文本生成器都建立在不能适用于日常书写的假设之上：

[一]　这通常被认为是一个自上而下的过程：目标触发构思，即消息触发词汇，插入到某个句子框架中，并进行语态调整等。

（a）在构建文本计划的那一刻，可以获得包含在最终文档中的所有消息［HOV 91］；（b）构思在文本计划确定之后被检索［MCK 85］，或两者并行［MOO 93］；（c）在构建文本计划之初，所有构思（信息）或要处理的主题之间的联系都是已知的。最后这一点适用于 Marcu 的著作［MAR 97］和基于数据的生成器［REI 95］。

实际上所有这些前提都会受到质疑，而且它们无一能解释写作这一心理语言学的本质，即人类的写作［DEB 84, BER 87, AND 96］。例如，作者通常不知道想法之间存在的联系类型◯，也不一定知道给定消息的主题类别◯。两者都需要加以推断。作者必须发掘消息之间的联系，并且要找到消息或消息集所属的主题类别的本质。这两项任务都相当复杂，需要大量的练习才能掌握良好的写作技巧（连贯且具有凝聚力的话语）。

上述研究也未能模拟构思生成（心理）和文本结构之间的动态交互，但［SIM 88］可以说是一个例外。事实上，一个主题可能触发一系列想法（自上而下生成），就像一系列想法可能引起某个主题（自下而上）。当然，两者可以组合，即一个自下而上的方案后面跟着一个自上而下的方案（参见图 7-3）。这种交互作用经常发生在自然的写作中，其中的构思得出主题的类别，反之则是由主题得出相同类型的新构思。因此，这些构思或消息必须被舍弃。由于没有足够的概念性材料，作者可能会决定不提及给定的片段，将其放在脚注中，或者继续寻找其他材料。

心理学家是另一个对写作行为感兴趣的群体。显然，已有大量关于这个主题的著作◯。然而，尽管有大量关于写作行为的文献，人

◯ 下列两条消息：（a）结婚了（x），（b）怀孕了（x），可以被认为是原因、结果或者是一组自然的因果序列。

◯ 我们所阐述的主题的意思如下。假设你准备要写"狐狸躲藏在地下"。在这种情况下，某一读者可能会总结出你在尝试传递关于狐狸的一些信息，"习惯"（躲藏）或"栖息场所"（地下）。

◯ 包括：［ALA 01, BER 87, FLO 80, KEL 99, LEV 13, MAT 87, OLI 01, RIJ 96a, RIJ 96b, TOR 99］。想要了解更多要点，请参阅 http://www.writingpro.eu/references.php。

们已认识到构建构思（提纲）在写作时起到至关重要的作用，却少有人能阐明如何实现这个目标（即如何帮助作者）。即便是系列丛书《写作研究》[RIJ 96b] [⊖] 也几乎没有提及我们所感兴趣的主题：如何找到概念碎片（构思）之间的共性，从而将它们分组或是如何"看到"构思之间的内在联系。

在本文的其余部分，我们将展示一个小型原型，尝试模拟上面提到的第一个方案：构建数据，或发现数据（消息）中的潜在结构。在此之前，我们想更详细地说明我们研究所基于的假设，并揭示它们与自然写作过程之间的关联。

7.5 关于构建辅助写作过程的工具的假设

如前所述，作家在写作时倾向于使用不同的方案：他们或从主题或目标（自上而下）出发，或从最初不相关的资料或构思（自下而上）出发，或者将这两者结合起来。自下而上的启发构思能引导出对其自身的类别（图 7-3b），反之则会启发更多的相关资料（自上而下，见图 7-3c）。

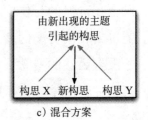

图 7-3　语篇规划的三种策略：自上而下、自下而上或两者兼而有之

第一个方案可能是最为常见的。作者从一个目标出发，寻找相关的内容（消息），根据主题和修辞的标准将这些内容转化成语言并加以修订，这就是所谓的自上而下的策划。需要注意的是过程

中可能随时会有修订，且在概念规划（头脑风暴）的初期，很少会对这些接踵而至的想法加以筛选（补充：这就是为何在描述这个场景时，"头脑风暴"这个词比"构思"更为贴切）。只有在下一步，内容才会被彻底检查。这可能导致消息库被修改：一些构思被抛弃，并加入其他构思。这样做的结果通常是得到一个所谓的提纲或行文计划，即何时（即表达的顺序）何种信息得以表达。

　　另一种方案则是反而行之。从构思开始再到作者的思考（自下而上的规划），他／她会把灵感分组，并将这些分好的组连接起来。在这种自下而上的计划中，结构或主题从资料中浮现。这些主题可能会像种子一般，最终萌生出更多的材料（混合方案）。自下而上的规划是难以完成的（即使是对人类而言），然而，这却是我们感兴趣的。仍有一个问题在于作者对哪些构思之间应有联系有多少认知这一基础，即哪些（构思）应和哪些（构思）并行，以及用何种具体的方式？假设你有一项任务，要求你写一小段关于"狐狸"的文字，并说明它们和"狼"或"土狼"（两种有可能会混淆的动物）的相同和相异之处。这可能会引发对"狐狸"信息的搜索，并可能会产生如图 7-3a 所示的一组消息。目前，这些想法从何（作者的大脑、外部资源或其他资源）而来并不重要，我们感兴趣的是找到以下问题的答案：（a）作者如何将这些消息或灵感归类到不同的主题？（b）他／她是如何整理每个主题里面的元素的？（c）她／他如何连接并且命名这些主题？（d）他／她是如何发现并命名每个句子或主题之间的关系的？

　　我们在此只关注第一个问题（以主题分类），并作出如下假设：（a）有共同之处的消息会被归为一组；（b）消息或消息元素确切存在共同之处。问题是如何展现这些共同之处。实际上，这可能很困难，也可能很琐碎，就像术语识别一样。设想有如下输入：（a）给（我，**狗**$_1$，我的儿子）；（b）喜欢追赶（**狗**$_1$，送奶工）。由于这两个主题包含相同内容（**狗**$_1$），它们可以归为一组，并得出两个独立的短句：我给了我的儿子一只狗。他喜欢追赶送奶工；或是一个从句，即关系从句：我给了我儿子一只喜欢追赶送奶工的狗。当然你也可以用"狗"作主语，得出如下句子："我给儿子的狗喜欢追赶送奶工。"其中哪一种表达形式是最优的取决于语境（上下文）和论述目的：你想着重说的或强调的是什么？

如何在不明显的情况下揭示数据之间的共性或联系的问题仍然存在。我们可以考虑几种方法。例如，我们可以通过添加来自外部知识来源的信息（特性、属性值等）来丰富输入元素，如语料库（共现数据、词关联）、字典（定义）等。另一种方法可以是确定消息元素（单词）之间的相似性。这是我们所使用的方法，我们将在7.6节更深入地解释。一旦应用了这样的方法，我们便能够按类别对消息进行分组，尽管我们可能无法给它命名。它们的名称可能是隐性的，命名可能需要用到其他方法。

这样做的结果会是得到一个或多个主题树，对所有输入依照灵感进行分组。虽然不同的主题树可能达到不同的修辞目标（焦点不同），但它们都保证了话语的连贯性。这些差异带来的区别大概只能由人类区分，人类能选择适合他/她需求的（修辞）。虽然我们开发的软件无法实现这一目标，即构建一个在概念上和修辞上与作者目标相匹配的结构，但它应该能够帮助用户感知概念的内在联系，从而让他创建一个框架（主题树）并把所有信息都融合在一起，这并不是所有成年人都能做到的。关于目标和自下而上的策略，参见如下。

"目标"可以是形形色色的。它们可以是粗粒度的（"说服你父亲借给你他的车"），也可以是更细粒度的，与特定的主题相关：描述一种动物，并说明它与另一种经常混淆的动物有什么不同（短吻鳄、鳄鱼；狐狸、狼/土狼）。消息可以反馈概念组件，改变消息或目标（添加，删除，修改）。自上而下和自下而上处理之间的循环过程在人类书写中非常常见。我们将只关注后者，只关注由两个位置谓词组成的命题。这将是我们尝试检测它们之间是否有共性或联系的输入。当然，仅仅是两个简单命题之间的联系也可能会是一个相当复杂的问题。考虑到因果关系可以视作两个事件的系统联系，或是对于一个事件或是同一情形的内部而言也一样⊖。由于这些情况需要一种特别的方法去应对，我们暂且放下。

7.6　方法论

在本节中，我们将介绍上文提及的分类方法。消息可以基于不同的维度和不同的观点进行组织：概念关系（类别，即包含、因果、时间等）、修辞关系（让步、分歧）等。在本节，我们只关注前者⊖，即假设消息在某种程度上至少可以通过各自组成元素的语义来组织。

换句话说，为了揭示一组消息之间的相对相似度或关系，我们可以考虑它们的一些组成元素的相似度。相似度的求和是向量空间模型的一个典型组成部分，它已经在［WID 04, MAN 08］详细阐述了。关于"相似度"，我们需要小心，因为词语的相似度并不能保证"亲缘性"；这甚至可能是它的先决条件之一。事实上，很多研究人员都使用这个特征来检测句子的相似性［BUL 07, TUR 06］。但是大多数研究人员的分析都是基于表面，从而可能会导致错误的结果，因为相似可以通过不同的句法范畴来表达（例如"use for" vs. "instrument"，"have" vs. "her"）。同样地，一个给定的形式或语言资源，比如所有格形容词，可能蕴含着非常不同的意思。比较"his car""his father""his toe"，这都表达出非常不同的关系：所有权、家庭关系、人体不可分割的部分。

⊖ 对"小心，道路可能很危险，刚刚通知了会有台风"中带下划线元素之间因果关系的感知，是基于假设我们知道台风是危险的。

⊖ 当然，术语"语义"可以表示许多事物（关联、一组词之间的共享元素等），以及作者所引用的哪些需要明确。

在这里，我们介绍的是一项非常初级的工作。因此，我们的方法旨在处理非常简单的情况，如二元谓词，即由两个名词（一个主语和一个对象）和一个（链接）谓词组成的句子。给定一组这样的输入，不管其表面形式的差异，我们的程序都能确定出它们的相近程度。句子将基于单词间的语义相似性进行聚类。这就可以生成一棵结构树，它的节点代表着类别（理想情况下应该明确表示其类型，如食物、颜色等），叶子代表着消息或命题的输入。

在后文，我们将通过图 7-4a 来更详细地解释我们的方法，以说明我们的目的。目标是按主题对这些消息进行聚类，从而创建一种大纲树或主题树。实际上，{1, 4} 处理了物理特征（外观），{2, 6} 提供空间信息，即狐狸居住或躲藏的地方（栖息地），而 {3, 5, 7} 处理它们的习惯。最后一个类别可以分为两个子主题，在我们的例子中即"偷窃"{3} 和"消费"{5, 7}。最终的分析结果可以以树的形式显示（见图 7-4b）[⊖]。

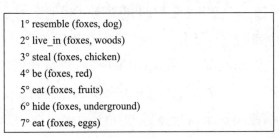

1° resemble (foxes, dog)
2° live_in (foxes, woods)
3° steal (foxes, chicken)
4° be (foxes, red)
5° eat (foxes, fruits)
6° hide (foxes, underground)
7° eat (foxes, eggs)

a）概念输入（消息）

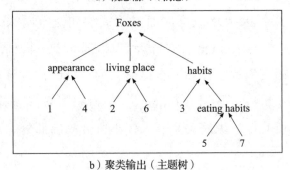

b）聚类输出（主题树）

图 7-4   概念输入和聚类输出

⊖ 请注意，通常我们可以提出多棵树。任何数据集，允许进行多次分析（取决于观点）和多种修辞效果。

为了达到这个结果，我们定义了一个算法来执行表 7-2 中提到的步骤。我们将在下文更深入地描述和解释它们。要注意，我们把上文所称的消息称为句子，由相应的解析器处理。

表 7-2　主题聚类的主要步骤

1）确认词的作用，即句法分析；
2）找到潜在种子词；
3）与不同句子中作用相同的单词对齐；
4）在对齐的单词中找到语义相近的词；
5）确认句子间的相似性；
6）根据语义相近性（相似性）对句子聚类。

7.6.1　句法结构的识别

这一步的目标是识别句子的依赖结构。这些信息将用于：（a）识别语义种子（参见 7.2 节），（b）匹配相似的单词，（c）确定潜在命题的不同元素的作用，即各自的谓语、主语或宾语。为了获取信息，我们使用了斯坦福分析器。[⊖]例如，输入"Foxes eat fruits"会产生以下输出：

标记：**Foxes**/NNS **eat**/VBP **fruits**/NNS./.

依赖结构：N_{subj} (eat, foxes); D_{obj} (eat, fruits)

在所有这些输出中，我们只关心 N_{subj} 和 D_{obj}，以确定信息的主要元素，即主语、宾语和主要动词，或用命题术语［谓词（参数1，参数2）］。接下来，我们使用部分（单词）的相似性来确定整体（句子）的相似性。

7.6.2　语义种子词的识别

如前所述，为了揭示两个或两个以上句子之间的相近性或潜在关系，我们可以尝试识别各自组成词之间的相似性。但是我们需要小心。如果我们只考虑每个（对）单词的相似性值，我们可能导致分析误差并得到错误的结果。

⊖ http://nlp.stanford.edu/software/lex-parser.shtml

这涉及几个问题。例如,相同单词的数量并不一定意味着相同或相似。实际上,两个句子可能由完全相同的单词组成,但两者却表达着不同的内容。比较"没有男人的女人是无助的"和"没有女人的男人是无助的"。因为这种情况在自然语言中非常常见,我们决定不依赖于句子中的词以及"词袋"方法(句子中没有停用词)。我们更倾向于只依靠特定的单词,即种子,来比较不同句子的相似性。我们认为种子词是表达句子核心意义的元素。例如,对于上文的两个句子,我们可以得到以下种子:(a)没有(男人,女人);(b)没有(女人,男人),这就很容易揭示出它们的区别。

我们选择种子词的想法似乎更合理,因为不同种类的词(词类)有不同的状态:有些词传达的信息比其他词更重要。名词和动词通常比形容词和副词更重要,每一个名词和动词通常比词性[⊖]的其他部分传达更重要的信息。我们假设句子的核心信息是通过名词(扮演不同角色如主语、宾语)和连接它们的动词(谓语)来表达的。为了能够执行接下来的步骤,我们进一步假设依赖信息是必要的。在以下两句话中:(a)"狐狸躲在地下";(b)"狐狸把猎物藏在地下","词袋"方法或简单的表面分析是行不通的。因为它们都没有揭示隐藏的对象("狐狸"与"猎物")在每句话中有不同意义的这个现象。

为了避免这个问题,我们使用了解析器生成的依赖信息,这使得我们能够确定名词的作用(主语、宾语)以及连接两者的谓词(动词)。例如,这揭示了以下两个句子的关联:"狐狸吃蛋"和"狐狸吃水果"。在这两种情况下,"狐狸"的概念都是通过谓词"吃"与某些对象("鸡蛋"与"水果")相连的。这两个句子的核心是一样的,它们都告诉我们一些关于狐狸的饮食或饮食习惯(鸡蛋,水果)。虽然这种方法没有揭示这种联系的本质(饮食,食物),但它确实表明有某种联系(两句话谈论的是同一个主题:食物)。因此,句法信息(语言的一部分,依赖结构)是非常宝贵的。

⊖ 请注意,这里我们不考虑"连接词"(尽管、因为),因为它们在这个阶段是未知的。

它允许我们识别潜在的种子词，而种子词将对后续的文本处理有很大的帮助。

7.6.3 单词对齐

为了比较句子的相似性，我们不仅需要比较方法，还需要数据具有可比性。因此，我们需要为输入制定标准，或者规范化输入。后者在一定程度上可以通过依赖解析器实现，该解析器揭示了不同单词所发挥的作用。我们现在可以对齐来自不同句子的单词，并从中对比语义相同的单词。

单词对齐不仅仅是为了在不同的句子中找到相同的单词，而是在这些句子中找到并对齐相同角色的单词。这意味着在我们的例子下，我们必须比较。比如说，对一个句子的主语和另一个句子的主语做比较，并对其他句法范畴或语义角色（动词、深层宾语等）做比较。为了实现它，我们再次依赖解析器所生成的依赖信息（7.6.1 节）。需要注意的是，我们的示例只展现了表面关系（主语、宾语等）。而理想情况下，我们需要得到关于深层角色的信息：施事、受益者等［FIL 68］。在我们的例子"狐狸吃水果"和"狐狸吃鸡蛋"中，很明显可以把"水果"和"鸡蛋"联系起来，因为这两个名词都起着同样的作用。

还需注意的是，我们还要求检测同义词或语义谚语："instrument ≡ is used for""resemble ≡ be alike""for example ≡ somehow ≡ like"等。因为这些词非常有用并可以用作 topic-signatures ［LIN 00］，所以可以归属为种子词。请注意，这些信息是通过我们的方法中所构建的向量空间模型间接获得的。向量空间模型将在下一节简要描述。

7.6.4 确定对齐单词的相似性值

虽然有多种方法可以检测句子或单词之间的关联性（如共同特征或关联），但两个明显的方法是相互的以及隶属的共指和同类关系。参见图 7-4a 中的例子，其中两个句子（"Foxes eat eggs"（狐狸吃鸡蛋）；"Foxes eat fruits"（狐狸吃水果））有相同的指示物，即主语"狐狸"，以及同一类的两个不同的实例，其代表通用元素"食物"。

如上所述，为了比较句子的含义，句子的结构必须具备通用格式。当然，含义的相似性建立在我们能够以某种方式提取分析对象（句子、单词）的含义的基础上。然而，词义取决于上下文语境，出现在相似语境中的词往往具有相似的含义。这种"分配假设"观点是由一部分学者提出的，如［FIR 57, HAR 54, WIT 22］。更具体可参考［SAH 08, DAG 99］，或 http://en.wikipedia.org/wiki/Distributional_semantics。

由于我们试图通过单词的相似性来捕捉句子意义，因此诞生了如何实现这一概念的问题。其中一种方法是创建由目标词和邻近词所组成的向量空间［LUN 96］。词的含义在基于词共现的情况下转化为词向量。在下面两个句子中："Foxes eat eggs"和"Foxes eat fruits"，我们可以得到四个不同的标记或单词，即 foxes、eat、fruits、eggs。因此，我们可以通过它们在 COHA（美国历史语料库）中的出现位置，构建它们的向量。COHA 是标记有 4 亿个单词的 n 元语料库的一部分［MAR 11］。这可以让我们应用向量空间模型来计算一组词之间的相似度。为此，我们计算了各自向量之间的距离（余弦）。我们假设只有四个词与"fruit"和"egg"同时出现（"juice, vitamin, price, eat"和"chicken, protein, eat 和 oval"），那么"fruit"的词向量包含了"juice, vitamin, price, eat"，而"egg"的词向量包含"chicken, protein, eat 和 oval"。

同时我们还将计算共现的频率。为了计算两个向量之间的相似性，我们计算了向量间夹角的余弦值。因此，我们为句子中所有主要的单词构建了这样的向量。对于上面的例子，我们有四个向量，每个向量对应于两个句子中出现的每个单词：fox、eat、fruit、 egg。在向量中，单词被它们对应的权重值（即表示各个概念意义的数值）所取代。例如，对于 fruit 向量，"juice，vitamin，price，eat"单词都被数值（权重）取代。细节参考下列步骤 1。

在下面的示例中，我们通过使用从 COHA 收集到的共现信息来度量 fruits 和 eggs 之间的相似程度，生成如表 7-3 所示矩阵。

表 7-3　样本词空间矩阵

I	词向量空间	$\vec{T}_{1\ fruit}$	$\vec{T}_{2\ eggs}$
1	bird	0	1
2	hummus	0	1
3	food	1	1
4	incubator	0	1
5	banana	0	1
6	store	1	0
7	gene	1	1

词向量将通过以下四步构造：

1）在预定义的窗口中提取与 fruit 共现的单词。在我们实验中，我们把窗口大小设置为 6，即目标词前后出现的 3 个单词。在本例中，在 fruit 这个词之前和之后的三个词会生成以下单词列表：banana、food、gene 和 store。

2）对 egg 做相同的操作，这将生成：bird、hummus、food、incubator 和 gene。

3）根据单词（fruit、egg）的共现情况构建相应的向量（见表 7-3）。在简单的表格中，每个单词的向量都是基于它们的共现情况而构建的。一个单词（fruit、egg）接收到的频率值取决于它与在已定义窗口内的另一个单词共现的次数，这将生成 fruit［0，0，1，0，0，1，1］和 egg［1，1，1，1，1，0，1］的列向量。注意，这里的单词是通过它们在矩阵中的索引来引用的，如它们在词空间中的位置。因此，第一个位置指的是矩阵中的第一项，第二个指第二项，以及最后一个指代矩阵中的最后一项。不同于上面的例子，我们在实验中使用的是单词共现的加权频率，而不是二进制值。

4）测量向量之间的距离。为了量化两个单词之间的相似性，我们必须计算它们各自向量表示的余弦相似性。这通过以下步骤计算。

取一对单词，如 fruit (T_1) 与 eggs (T_2)。取它们各自的向量与权重形式，然后根据下面描述的步骤进行计算。为了确定"fruit"和"eggs"之间的相似性，我们计算它们的余弦相似性，即它们的向量之间的角度。余弦相似性值按以下方式计算：

1）对两个向量（$\vec{T_1}$ 和 $\vec{T_2}$）的权重的乘积进行求和

2）对每个向量（$\vec{T_1}$ 和 $\vec{T_2}$）的权重的平方进行求和

3）取第 2 步结果的乘积的平方根。

4）将步骤 1 的结果除以步骤 3 的结果。

我们已经在另一个任务中使用了这种方法，如自动提取部分 – 整体关系［ZOC 15a］。从那以后，我们把它扩展至计算单词之间的相似性。该方法主要由两个操作组成：为所有单词创建一个向量和识别对齐单词的相似性。

步骤 1：基于共现信息为所有单词创建向量

共现信息从 COHA 中收集，而向量是基于窗口中（短语、句子和段落）的词共现信息构建的。由于不同单词做出的贡献不同，我们分配权重以反映它们在相关性方面的相对贡献，从而确定句子或词语的含义。因此，含义通过权重表现，而权重取决于给定单词的上下文语境，所以上下文语境也是我们需要考虑的因素。用于分配权重的公式与 TF-IDF 非常相似。由于我们的目标是确定单词之间的相似性，所以在案例中我们使用常规 TF-IDF 中的文档 – 项矩阵来表示项 – 项矩阵。我们将单词基于某一个给定概念的共现频率（TCF），除以该单词与数据集内所有其他单词的总的贡献次数（TOTNBC），用该比值来决定权重（*W*）的值。例如，为了确定 egg（"chicken 向量"的其中一个单词）在 chicken 词向量中的权重，我们需要计算 egg 和 chicken 的共现频率，再用它除以 egg 在其他语料库中的与其他词共现的总数额。我们对其他词做相同的操作。上面所描述的操作可以通过下列公式计算，用于确定给定单词的权重（*W*），从而确定另一个共现词的含义：

$$W = \text{TCF} - \text{yz/TOTNBC} - \text{xy}$$

其中：TCF-y 代表频率，即 y 与 z 共现的频率：

TF-y 是 y 在语料库中的总频率。

为了构建给定概念的向量，我们使用所有共现词的加权值。因此，我们计算了向量中每个单词的相对权重，从而定义词向量的含义。

步骤 2：识别对齐单词的向量之间的余弦相似性

根据单词向量的余弦值，我们计算单词之间的相似性。注意，相似值只限于计算对齐的单词。

7.6.5　确定句子之间的相似性

一个句子的含义可以（至少在某种程度上）通过组成元素和单词的组合含义来获得。在 7.6.4 节中，我们确定了对齐单词之间的相似性值。现在我们构建一个矩阵，来展示它们各自的相似性值。向量的行和列是基于共现词构建的，而单元格包含它们之间的相似性值。为了识别两个句子之间的相似性，我们将句子中的单词相似性值相加，然后计算平均值，最后得出句子之间的单一相似性值。因此，为了确定一对句子之间的相似性，我们将它们的主语、动词和宾语的相似性值相加，然后将结果除以 3 以得到平均值。见表 7-4。

表 7-4   共现的样本词相似性矩阵

相似性	相似性	eat	are	live	steal	hide
Eat	0.293					
Are	0.550	0.152				
Live	0.210	0.365	0.139			
Steal	0.428	0.392	0.210	0.306		
Hide	0.527	0.430	0.240	0.631	0.450	

关于我们的 fox 示例（见图 7-4），除了第三个消息之外的所有信息都以这种方式聚类。根据下一节中介绍的算法，消息 3 将与消息 5 和信息 7 聚类。

7.6.6   基于句子相似性值的聚类

正如前面提到的，我们的策略是基于输入句子的相似性值来创建树。基于主语、动词以及宾语的相似性值，分 3 步进行句子聚类。因此，当谈论主题不同的句子时，如"fox"和"fruit"，它们会被放置在不同的集合中。在下一步中，集合间将会根据主题（习性、外表特征等）进一步聚类，而这些主题特征将会通过动词或者对象体现出来。聚类算法如表 7-5。

表 7-5   聚类算法

1）从我们考虑的输入句子中采样并根据主题相似度（即主语的相似性值）搜索一些与其他区分度大的句子，这些句子更加容易形成集合。相似性值通过词相似性矩阵获得（详见 7.6.5 节以及表 7-4）。
2）通过连接主语和宾语的动词的相似性值对已有的句子进行聚集。
3）根据句子的宾语相似性值，继续执行第二步。
4）重复第一步到第三步，直到所有的句子都尽可能聚集。
5）基于动词以及宾语的相似性值建立集合之间的连接。

7.7   实验结果和评估

为了测试我们的系统，我们使用包含 28 个句子的文本集。测试集中包含了四组不同的句子，它们分别涉及 foxes、fruits、cars。最后一个集合被称为无关集（ragbag），其由与主题不相关的句子组成，它只用于控制实验目标。见表 7-6。

表 7-6　测试的句子集合

主题 1 Fox	主题 2 Fruits
1）Foxes resemble dogs.	8）An apple a day keeps the doctor away.
2）Foxes live in the woods.	9）Apples are expensive this year.
3）Foxes steal chicken.	10）Oranges are rich in vitamin C.
4）Foxes are red.	11）The kiwi fruit has a soft texture.
5）Foxes eat fruits.	12）Grapes can be eaten raw.
6）Foxes hide underground.	13）Grapes can be used for making wine.
7）Foxes eat eggs.	14）The strawberries are delicious.
主题 3 Cars	主题 4 ragbag
15）A car is a wheeled motor vehicle.	22）Olive oil is a fat obtained from olives.
16）Cars are used for transporting passengers.	23）Playboys usually have a lot of money.
17）Cars are mainly designed to carry people.	24）A finger is a limb of the human body.
18）The first racing cars amazed the automobile world.	25）Apple is the name of a software company.
19）Cars typically have four wheels.	26）Eau Sauvage is a famous perfume.
20）Cars are normally designed to run on roads.	27）Wine is an alcoholic beverage made from fermented grapes or other fruits.
21）Cars also carry their own engine.	28）IBM is an American corporation manufacturing computer hard ware.

　　系统现在的任务就是聚合尽可能多的消息。这将生成分支数与主题数相等的树，在我们的例子中，分支数为 4。在下一步中，系统将尝试创建子类别，即分支进一步细分，或从相反的角度来说，即消息可以在更加特定的类别（例如在 fox 集合中的习惯、生活区等）中聚类。当然，这取决于消息元素。由于控制组（主题无关句子的集合）的功能仅用于检查系统的准确性，因此其句子不应出现在除"控制组"之外的任何组中。

　　一旦完成聚类后，我们便可以通过计算树中正确分配的句子数来判断系统的性能。为了评估系统的性能，我们使用传统策略，通过以下方式定义精确度（precision）、召回率（recall）以及 F 度量：

- 召回率：正确分配给有效集群的句子数 / 总句数。

- 精确度：正确分配给有效集群的句子数／聚类的句子总数。
- F 度量 2／［（1／精确度）+（1／召回率）］。

我们得到以下结果：28 个句子中有 22 个句子被分配到正确的集群中，6 个句子被分配到错误的集群中。例如，句子 25 和 27 被错误分配到 fruit 类（主题 2）。这归因于我们的方法并没有考虑"apple"的语义。它既指水果，同时又可指代位于库比蒂诺的苹果公司。这同样发生于"wine"，其既指酒精饮料，又指一种水果。

我们还通过每个主题的相似性进一步聚类每个主题中的句子，从而评估我们的系统。主题 1 的所有句子都被正确地聚类，其中句子 1～4、2～6、5～7 形成 3 个集群。相对于其他集群，句子 3 更加接近于包含句子 5 和句子 7 的集群。第二组的所有句子都聚类在一组中，其中两个句子（10 和 14）被分组到一个更具体的类别中。但是，我们还是遇到了一些问题，因为一些句子被分配到错误的集群中。句子 25 和 27 是入侵者，处理的是不同的主题，因此它们不应该出现在当前集群中。第 9 句也存在同样的情况，它被分配到第 10 句和第 14 句的集合中。因为这是关于电脑公司而不是水果的主题，所以它是明显错误的。另一方面，第 11 句应该出现在这里，即句子 10 和 14 的集群。但事实并非如此，它被孤独地放在别的地方，当然，这是一个错误。在主题 3（cars）中，所有的句子都被正确地聚类，而句子 15 和 16 被分配在一个更具体的类别中。然而，系统无法将句子 19 和 21 聚类在一起。

鉴于上述结果，如果我们仅考虑分配到树中正确位置的句子，则系统具有 78.6% 的召回率、精确度和 F 度量。值得注意的是，放在错误类别中的一些句子的相似性值非常接近正确的群集。事实上，大部分的句子都有很高的相似性值。同样需要注意的是，现在的集群，即树中的节点，还没有标记。是否可以通过 topic signature［LIN 00］实现仍有待研究，这显然是未来的工作。

7.8　展望和总结

以流式语言思维来组织思想和表达，这对每个人来说都是一个挑战。困难的种类有很多。我们需要了解语言学方面的相关知识（词汇、语法、段落技巧：呼应，等等），同时还要了解我们的思维如何解释每一个语言学技巧的使用或概念实体（命题）的组合。一旦我们获得了这个能力，其效果就可以达到我们的目标。这将是沟通的正常起点。

至今，在语言生成方面已经做了很多工作，但大部分工作都是从工程角度，即全自动文本生成出发的［REI 00，BAT 16］。不幸的是，几乎没有一项成熟的技术可以协助作者（我们的目标），尽管显然需要它。注意，作者所处的环境远比计算机所要应付的［AND 96］更加富有多样化和开放性。因此，我们不是像大多数计算语言学家那样提供全自动解决方案，而是提出一个互动解决方案。更确切地说，我们尝试构建一个创作工具，从而让计算机帮助作者组织他 / 她的想法。给予一组消息（用户的知识水平）甚至可能是目标，系统能够通过特定的方式来构造数据，即从概念上讲，输出是连贯的，最终生成一个或多个概念树。由于这是一项非常复杂的任务，我们需要从一组非常简单的数据开始。然而，我们试图超越显而易见的问题（共同参考），从而揭示一些隐藏和分布的信息。

下一步，我们将涉及两项任务：处理其他概念关系以及为主题类别做标签。我们还想探索更多关于种子词的信息。这应该更多地从主题聚类的基础表现（信息的来源）入手。由于数据可以通过多种方式进行分组（取决于所选标准或视点），并且不同的顺序产生不同的效果，因此最好能展示顺序和修辞效果之间的关系。

关于这种方法，我们也可以考虑以下策略：获取一组特定类型的精心编写的文本（表述），从中提取句子，对其进行规范化并加上一些噪声，从而让计算机尝试重新组织它们以生成连贯的整体，并尽可能匹配初始文档（黄金标准）。然而，考虑到这种策略为时已晚（参见 [BAR 08, BOL 10, LAP 06, WAN 06]），我们采用了不同的方法。

7.9   参考文献

[ALA 01] ALAMARGOT D., CHANQUOY L., *Through the Models of Writing*, Kluwer, Dordrecht, 2001.

[AND 96] ANDRIESSEN J., DE SMEDT K., ZOCK M., "Discourse planning: empirical research and computer models", in DIJKSTRA T., DE SMEDT K. (eds). *Computational Psycholinguistics: AI and Connectionist Models of Human Language Processing*, Taylor Francis, London, 1996.

[BAR 08] BARZILAY R., LAPATA M., "Modeling local coherence: an entity-based approach", *Computational Linguistics*, vol. 34, no. 1, pp. 1–34, 2008.

[BAT 16] BATEMAN J., ZOCK M., "Natural language generation", in MITKOV R. (ed.), *Handbook of Computational Linguistics*, Oxford University Press, London, 2016.

[BER 87] BEREITER C., SCARDAMALIA M., *The Psychology of Written Composition*, Erlbaum, Hillsdale, 1987.

[BOL 10] BOLLEGALA D., OKAZAKI N., ISHIZUKA M., "A bottom-up approach to sentence ordering for multi-document summarization", *Information Processing and Management*, vol. 46, no. 1, pp. 89–109, 2010.

[BUL 07] BULLINARIA J.A., LEVY J., "Extracting semantic representations from word co-occurrence statistics: a computational study", *Behavior Research Methods*, vol. 39, pp. 510–526. 2007.

[CAR 70] CARBONELL J.R., Mixed-initiative man-computer instructional dialogues, PhD Thesis, Massachusetts Institute of Technology, 1970.

[DAG 99] DAGAN I., LEE L., PEREIRA F., "Similarity-based models of co-occurrence probabilities", *Machine Learning*, vol. 34, no. 1–3 special issue on Natural Language Learning, pp. 43–69, 1999.

[DEB 84] DE BEAUGRANDE R., *Text Production: Towards a Science of Composition*, Ablex, Norwood, 1984.

[DEM 08] DE MARNEFFE M.C., MANNING C.D., Stanford typed dependencies manual, Technical report, Stanford University, 2008.

[FIL 68] FILLMORE C., "The case for case", in BACH E., HARMS R. (eds), *Universals in Linguistic Theory*, Holt, Rinehart and Winston, New York, 1968.

[FIR 57] FIRTH J.R., "A synopsis of linguistic theory 1930–1955", in *Studies in Linguistic Analysis*, Philological Society, Oxford, 1957.

[FLO 80] FLOWER L., HAYES J.R., "The dynamics of composing: making plans and juggling constraints", in GREGG L., STEINBERG E.R. (eds), *Cognitive Processes in Writing*, Erlbaum, Hillsdale, 1980.

[HAR 54] HARRIS Z., "Distributional structure", *Word*, vol. 10, no. 23, pp. 46–162, 1954.

[HOV 91] HOVY E.H., "Approaches to the planning of coherent text", in PARIS C.L., SWARTOUT W.R., MANN W.C. (eds), *Natural Language Generation in Artificial Intelligence and Computational Linguistics*, Kluwer Academic, 1991.

[IYE 09] IYER L.R., DOBOLI S., MINAI A.A. *et al.*, "Neural dynamics of idea generation and the effects of priming", *Neural Networks*, vol. 22, no. 5–6, pp. 674–686, 2009.

[KEL 99] KELLOGG R., *Psychology of Writing*, Oxford University Press, New York, 1999.

[KEM 87] KEMPEN G., HOENKAMP E., "An incremental procedural grammar for sentence formulation", *Cognitive Science*, vol. 11, pp. 201–258. 1987.

[LAP 06] LAPATA M., "Automatic evaluation of information ordering", *Computational Linguistics*, vol. 32, no. 4, 2006.

[LEV 89] LEVELT W., *Speaking: From Intention to Articulation*, MIT Press, Cambridge, 1989.

[LEV 13] LEVY C.M., RANSDELL S., *The Science of Writing. Theories, Methods, Individual Differences and Applications*, Routledge, Abingdon, 2013.

[LIN 00] LIN C.-Y., HOVY E., "The Automated Acquisition of Topic Signatures for Text Summarization", *Proceedings of the COLING Conference*, pp. 495–501, 2000.

[LUN 96] LUND K., BURGESS C., "Producing high-dimensional semantic spaces from lexical co-occurrence", *Behavior Research Methods, Instruments, and Computers*, vol. 28, no. 2, pp. 203–208, 1996.

[MAN 87] MANN W.C., THOMPSON S.A., "Rhetorical structure theory: a theory of text organization", in POLANYI L. (ed.), *The Structure of Discourse*, Ablex, Norwood, 1987.

[MAN 08] MANNING C.D., RAGHAVAN P., SCHÜTZE H., *Introduction to Information Retrieval*, Cambridge University Press, Cambridge, 2008.

[MAR 97] MARCU D., "From local to global coherence: a bottom-up approach to text planning", *Proceedings of the Fourteenth National Conference on Artificial Intelligence*, pp. 629–635, 1997.

[MAR 11] MARK D., "N-grams and word frequency data", Corpus of Historical American English (COHA), 2011.

[MAT 87] MATSUHASHI A., "Revising the plan and altering the text", in MATSUHASHI A. (ed.), *Writing in Real Time*, Ablex, Norwood, 1987.

[MAT 07] MATTHEWS D.E., LIEVEN E., TOMASELLO M., "How toddlers and preschoolers learn to uniquely identify referents for others: a training study", *Child Development*, vol. 78, no. 6, pp. 1744–1759, 2007.

[MCK 85] MCKEOWN K.R., *Text Generation: Using Discourse Strategies and Focus Constraints to Generate Natural Language Text*, Cambridge University Press, Cambridge, 1985.

[MOO 93] MOORE J.D., PARIS C.L., "Planning text for advisory dialogues: capturing intentional and rhetorical information", *Computational Linguistics*, vol. 19, no. 4, 1993.

[OCO 71] O'CONNOR F., "The displaced person", in *The Complete Stories*,

Macmillan, London, 1971.

[OLI 01] OLIVE T., LEVY C.M., *Contemporary Tools and Techniques for Studying Writing*, Kluwer, Dordrecht, 2001.

[REI 95] REICHENBERGER K., RONDHUIS K.J., KLEINZ J. *et al.*, "Communicative goal-driven NL generation and data-driven graphics generation: an architectural synthesis for multimedia page generation", *9th International Workshop on Natural Language Generation*, Niagara on the Lake, 1995.

[REI 00] REITER E., DALE R., *Building Natural Language Generation Systems*, Cambridge University Press, Cambridge, 2000.

[RIJ 96a] RIJLAARSDAM G., VAN DEN BERGH H., "The dynamics of composing – an agenda for research into an interactive compensatory model of writing: many questions, some answers", in LEVY C.M., RANSDELL S. (eds), *The Science of Writing: Theories, Methods, Individual Differences and Applications*, Erlbaum, Hillsdale, 1996.

[RIJ 96b] RIJLAARSDAM G., VAN DEN BERGH H., COUZIJN M., *Effective Teaching and Learning of Writing*, Amsterdam University Press, Amsterdam, 1996.

[SAH 08] SAHLGREN M. "The distributional hypothesis", *Rivista di Linguistica*, vol. 20, no. 1, pp. 33–53, 2008.

[SCA 87] SCARDAMALIA M., BEREITER C., "Knowledge telling and knowledge transforming in written composition", in ROSENBERG S. (ed.), *Reading, Writing and Language Learning*, Cambridge University Press, Cambridge, 1987.

[SIM 88] SIMONIN N., "An approach for creating structured text", in ZOCK M., SABAH G. (eds), *Advances in Natural Language Generation: An Interdisciplinary Perspective*, Pinter, London and Ablex, Norwood, 1988.

[TOR 99] TORRANCE M., JEFFERY G., *The Cognitive Demands of Writing*, Amsterdam University Press, Amsterdam, 1999.

[TUR 06] TURNEY P.D., "Similarity of semantic relations", *Computational Linguistics*, vol. 32, no. 3, pp. 379–416, 2006.

[WAN 06] WANG Y.W., Sentence ordering for multi-document summarization in response to multiple queries, PhD Thesis, Simon Fraser University, 2006.

[WID 04] WIDDOWS D., *Geometry of Meaning*, University of Chicago Press, Chicago, 2004.

[WIT 22] WITTGENSTEIN L., *Tractatus Logico-Philosophicus*, Kegan Paul, London, 1922.

[ZOC 15a] ZOCK M., TESFAYE D., "Automatic creation of a semantic network encoding part_of relations", *Journal of Cognitive Science*, vol. 16, no. 4, pp. 431–491, 2015.

[ZOC 15b] ZOCK M., LAPALME G., YOUSFI-MONOD M., "Learn to describe objects the way 'ordinary' people do via a web-based application", *Journal of Cognitive Science*, vol. 16, no. 2, pp. 175–193, 2015.

面向著述属性的基于序贯规则挖掘的文体特征

Mohamed Amine Boukhaled, Jean-Gabriel Ganascia

著述属性是识别给定文档的作者的任务。文学领域中已经提出了各种文体标记来处理著述属性任务。虚词和词性 n 元组的出现频率这两种方法已被证明对完成该任务非常可靠和有效。然而，它们尽管代表最先进的方法，仍部分依赖于无效的词袋假设，后者规定文本是一组独立的单词或单词片段。本章将介绍一项对比研究——使用两种不同类型的文体标记来完成著述属性任务。我们比较了使用虚词的序贯规则和词性标签作为文本标记的有效性，一方面，它们不依赖于词袋假设，另一方面，它们也不依赖自身的原始频率。我们的结果表明，使用虚词和词性 n 元组的频率的方法优于序贯规则方法。

8.1 引言和研究动机

著述属性是识别给定文档的作者的任务。著述属性问题通常可以表述如下：给定一组候选作者以及他们的文学作品，任务是为一个未知作者的文学作品推断其著述属性 [STA 09]。

该问题主要被看成是一个多类判别问题或文本分类任务 [SB 02]。文本分类是组织大型文档集合的有用方法。作为文本分类的子任务，著述属性假定分类方案基于从文档中提取出来的作者信息。相对来说，著述属性已经不算是一个新的研究领域了。在

19世纪末，解决该问题的第一个科学方法由 Mendenhall 在 1887年的研究工作中提出。他研究了培根、马洛和莎士比亚的作品的著述属性问题。最近，由于在取证分析和人文学科领域的应用价值，著述属性问题得到了更多的重视［STA 09］。

为了取得著述属性任务的高准确率，我们应该使用那些最可能独立于文本主题的特征。不同研究者之间存在一个共识：虚词是最可靠的著述属性标志。使用虚词代替其他标记主要有两个原因：第一，由于它们在书面文本中的高频出现，虚词是最难有意识地控制其出现的，这也最小化了归属判别错误的风险。第二，虚词不像其他实词，它更多地独立于文本主题和体裁，因此对于同一作者针对不同主题写作的不同文本，我们通常无法找到它们之间频率的很大不同［CHU 07］。基于词性的标记也被证明非常有效，因为它们部分具备了虚词的优势［STA 09］。

尽管事实上基于虚词的标记是最先进的，它们仍主要依靠词袋假设，即保证文本是一组独立的词。这种方法完全忽略了文本中的句法结构和潜在顺序信息。这对于词性 n 元组也是一样的，因为它们都基于一个潜在假设，那就是保证文本是一组独立的 *n-* 令牌段。De Roeck 等人［DER 04］曾证明频繁出现的单词，包含功能词，不会在一个文本中均匀分布。这也为证明词袋假设是无效的提供了证据。事实上，在著述属性研究领域已经出现了很多质疑和议论，批评者们认为这一领域中的大多数任务都是基于无效的假设［RUD 97］，而研究人员更关注于归属技术，而不是尝试提出新的更精确的、基于更少的强假设条件的文体标记。

为了努力开发出更复杂但计算可行的文体特征，且它们更具备语言学的相关特性，Hoover［HOO 03］指出对文本中存在的顺序信息进行发掘，并表示这种做法会更有帮助。他证明了频繁出现的单词序列和词语搭配可以被用于保证文本归属的高可靠性。在另一项研究中，Quiniou 等人［QUI 12］在使用时序数据挖掘方法对大文本进行文体分析方面做出了努力。他们认为通过使用时序数据挖掘技术，能够提取出可能是特定类型文本特征的相关且可被理解的模式。

根据这一思路，我们开始研究法国经典文学作品中的著述属性问题。我们的目的在于评估使用时序数据挖掘技术所提取出的文体标记对著述属性任务的有效性。在这里，我们专注于使用序贯规则挖掘来提取文体标记。我们将这些新的文体标记给出的结果，与虚词和词性 n 元组的出现频率等最先进的特征给出的结果进行比较，并对这种类型标记是否能够准确地识别作者进行评估。

本章剩余部分安排如下。在 8.2 节中，我们给出了计算著述属性过程的理论概述。接下来，在 8.3 节中我们将提出自己的工作假设及其相应的文体标记。在 8.4 节中，我们基于上下文对时序数据挖掘问题进行概述，并解释了如何提取基于序贯规则的文体标记。实验评估设置将在 8.5 节中进行介绍，其中我们描述了实验使用的数据集，然后介绍了所采用的分类方案和算法。实验结果和讨论详见 8.6 节。最后，在 8.7 节中我们总结了本章内容。

8.2 著述属性过程

著述属性和文体学这两项任务都涉及文学风格的统计分析，它们一直都是密切相关的。实际上，作者身份分析依赖于文体的概念，以及通过分析和提取文档的文体特征得出关于文档的作者信息的结论的过程。这假定文档的作者具有特定的风格，通过该风格，可以把一个作者和另一个作者完全或部分地区分开。根据这一想法，当前的著述属性方法就产生了两个关键步骤（见图 8-1）：

1）使用一些自然语言处理技术，如词性标注、语法分析和形态分析，在文本上执行基于文体标记的索引步骤。

2）使用索引标记来确定最可能的作者身份，并应用于识别步骤。

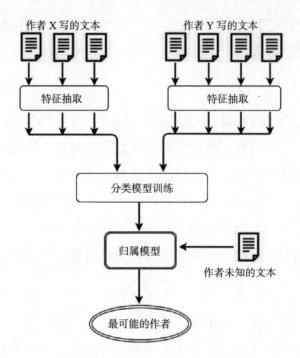

图 8-1   著述属性任务过程原型图

在两个关键步骤之间，可以采用可选特征的选择步骤来确定最相关的标记。该选择步骤通过执行一些统计测量来完成，如互信息或卡方测试［HOU 06］。

识别步骤涉及的方法主要分为两类：第一类包括基于统计分析的方法，如主成分分析［BUR 02］或线性判别分析［STA 01］；第二类包括机器学习技术，如简单马尔可夫链［KHM 01］、贝叶斯网络、支持向量机（SVM）［KOP 04］和神经网络［RAM 04］。其中 SVM 已成功用于文本分类和其他分类任务，已被证明是最有效的归属方法。这是因为 SVM 在精度降低方面对不相关特征缺乏敏感性，并使我们能够更有效地处理高维数据实例。

8.3   著述属性的文体特征

很多文体标记都曾经被用于著述属性任务，早期的工作主要是基于文体特征如句子长度和词汇丰富度［YUL 44］，而最近的一些相关工作是基于虚词［HOL 01, ZHA 05］、标点标记［BAA 02］、词性标注［KUK 01］、句法树［GAM 04］以及基于字符的特征［KEŠ 03］。正如之前提到的，虚词已经被证明是非常可靠和有效的作者身份标记，因此它们非常适合于处理著述属性任务或一些相关任务（如作者身份鉴定）［KOP 09］。实际上，虚词几乎没有词汇作用，但它们通过表达单词或句子中词语搭配之间的语法关系，起到了重要的句法作用。

为了能够说明在本章介绍中我们提出的想法，在此我们提出了在序贯规则挖掘的基础上对文体特征的预测属性进行探索。因此，作为我们工作的主要实验，我们研究了 10 位经典法国作家的文体描述，他们都使用了不同的文体特征，包括从相对较低的语言水平到更高更复杂的语言水平。我们选择关注于文体的句法方面，因此我们在本实验中采用了如下文体特征：

- 虚词的频率
- 虚词的序贯规则
- 词性标记的三元组
- 词性标记的序贯规则

在上述几个文体特征中，虚词的频率显然是最不复杂的语言特征，并且后续对作者风格的描述最不具有相关性和引人关注。它们既不提供明确的文体词汇偏好，也不提供明确的文体句法特征。其他文体特征在语言上更加复杂，在风格上更加令人关注。例如，虚词的序贯规则可以捕获周期性文体和松散文体之间的差异。然而，词性标签的序贯规则可以代替形式语法中的语法生成规则［O'NE 01］。除此之外，这些规则将深入了解作者的句法选择，而不是像使用生成规则那样以通用的方式描述语法。

我们对这种配置的期望是，该特征与描述给定作者的文体选择越相关，它越能够并且适合于将他们自己的著作与不同作者的著作区分开。也就是说，对于基于分类方法的文体特征，我们期望虚词的序贯规则比它的频率更加有效，因为它们在文体上更具相关性（它们能够传达给我们更多关于作者写作风格的信息，同时它们也更容易解释，而且它们不是基于无效的假设）。基于相同的原因，我们希望词性标签的序贯规则更加有效。

我们的实验目的是通过评估上述提到的在著述属性语境中文体特征的有效性，来检验这个假设的正确性。事实证明这个假设是不正确的，至少对于我们在这个实验中考虑的语料库来说。这可以被认为是一个明确的论点，它表明从分类的角度来看，作用在较低语言水平并且基于无效假设的较不复杂的特征更适合著述属性的研究。我们的实验探讨了上述这些问题。

8.4　针对文体分析的时序数据挖掘

时序数据挖掘是数据挖掘的子领域，由 Agrawal 等人［AGR 93］引入，其关注于在时序数据库中发现有价值的特征和模式。时序规则挖掘是用于提取描述一组序列的规则的最重要的时序数据挖掘技术之一。在下文中，为了能够清楚地向读者表达，我们仅仅说明理解我们实验所必需的相关定义和注释。

考虑一组文字，我们将它们称作项目，表示为 $I = \{i_1, \cdots, i_n\}$。一个项目集为一组项目 $X \subseteq I$。一个序列 S（单项目序列）是一组有序的项目列表，用 $S = \langle i_1, \cdots, i_n \rangle$ 表示，其中 $i_1 \sim i_n$ 均为项目。

时序数据库 SDB 是一组元组（id, S），其中 id 是序列识别符，S 是一个序列。我们可以使用序贯规则和模式挖掘从这些数据库中提取有价值的特征。我们定义序贯规则 $R : X \Rightarrow Y$ 为两个项目集 X 和 Y 之间的关系，使得 $X \cap Y = \varnothing$。此规则可以解释如下：如果项目集 X 出现在一个序列中，则项目集 Y 随后将在同样的序列中出现。现如今已经有了几种算法可以有效地提取这种规则的类型，如 Fournier-Viger 和 Tseng［FOU 11］。例如，如果我们在包含表 8-1 给出的三个序列的 SDB 上运行此算法，我们将得到序列规则，如"$a \Rightarrow d, e$"，其中支持度等于 2，这意味着这条规则是被 SDB 中的两个序列所遵循的（即存在着两个 SDB 中的序列，在我们找到项目 a 时，我们随后也将在同一个序列中找到项目 d 和 e）。

表 8-1   时序数据库 DSB

序列 ID	序列
1	<a, b, d, e>
2	<b, c, e>
3	<a, b, d, e>

在我们的研究中，文本首先被分割成一组句子，然后每个句子被映射成两个序列：一个针对在该句子中按顺序出现的虚词，另一个针对由句法分析产生的词性标签的序列。例如，句子"J'aime ma maison où j'ai grandi."将被映射到 <je，ma，où，je> 作为法语虚词序列，并将映射到 <PRO：PER，VER: pres, DET: POS, NOM, PRO: REL, PRO: PER, VER: pres, VER: pper, SENT> 作为一系列词性标签。"je⇒où"，"ma⇒où，je"或"DET：POS, NOM⇒SENT"是这些序列所遵循的序贯规则的例子。整个文本将生成两个时序数据库，一个用于虚词，另一个用于词性标签。在我们的研究中，提取的规则代表了作者在其作品中使用虚词时所遵循的风格。相比虚词频率和词性 n 元组，这个方法给我们提供了关于给定作者的句法写作风格的更多可解释的属性。

8.5 实验设置

在本节中，我们将介绍该研究方法的实验设置。首先，我们描述了实验使用的数据集，然后介绍了该实验的分类方案和算法，结果和讨论将在下一节介绍。

8.5.1 数据集

为了测试词性标签和虚词的序贯规则对作者归属任务的有效性，我们使用了 Balzac（巴尔扎克）、Dumas（仲马）、France（法朗士）、Gautier（戈蒂耶）、Hugo（雨果）、Maupassant（莫泊桑）、Proust（普鲁斯特）、Sand（桑）、Sue（苏）和 Zola（左拉）的写作作品。这样的选择源自我们对研究 19 世纪法国经典文学作品的特殊兴趣，并且这些作者的电子版作品在 Gutenberg 项目网站[⊖]和 Gallica 电子图书馆[⊖]中都已经公开。我们选择这些作者也是由于以下这样一个原因：我们希望涵盖这一时期最重要的写作文体和趋势。对于上面提到的 10 位作者，我们针对每一位都收集了 4 本小说，因此小说的总数为 40。下一步是将这些小说分成较小的文本片段，以便有足够的数据实例来训练归属算法。致力于文献数据作者归属的研究人员一直在使用不同的划分策略。例如，Hoover［HOO 03］决定将每本小说中的前 10 000 个单词作为单独的文本，而 Argamon 和 Levitan［ARG 05］将每本书的每一章视作单独的文本。在我们的实验中，我们选择按照句子数量，将小说按照集合中最小的尺寸进行切分。这个选择遵循了 Eder［EDE 13］提出的条件，该条件规定了最小的合理文本大小，以取得良好的归属；表 8-2 列出了有关实验中使用的数据集的更多信息。

表 8-2 实验数据集的统计信息

作者姓名	词数	文本数
Balzac, Honoré de	548 778	20
Dumas, Alexandre	320 263	26
France, Anatole	218 499	21
Gautier, Théophile	325 849	19
Hugo, Victor	584 502	39
Maupassant, Guy de	186 598	20
Proust, Marcel	700 748	38
Sand, George	560 365	51
Sue, Eugène	1 076 843	60
Zola, Émile	581 613	67

⊖　http://www.gutenberg.org/

⊖　http://gallica.bnf.fr/

8.5.2 分类方案

在当前方法中，每个文本被分割成一组句子（序列），这是基于使用标点符号集合 {'.'，'!'，'?'，':'，'…'} 完成的，并对语料库进行词性标注以及对虚词进行提取处理。然后使用 Fournier-Viger 和 Tseng［FOU11］中描述的算法来提取关于来自文本的虚词和词性标签序列的顺序和关联规则。这些规则将帮助我们收集来自数据的顺序信息和结构信息，因为以长句子为特征的文本将会包含更多的规则。

然后将每个文本表示为规则出现频率的向量 R_K，通过在训练集的支持方面降低前 K 个规则出现的归一化频率，使得 $R_K = \{r_1, r_2, \cdots, r_K\}$ 是有序集。每个文本也通过虚词和词性标记三元组的出现频率归一化后的向量来表示。表示给定文本的频率向量的归一化是通过文本大小实现的。我们的目标首先是将前 K 个虚词序贯规则（SR）的分类性能与虚词的频率进行比较。其次是比较词性标记三元组的出现频率的前 K 个序贯规则的分类性能。

给定上述分类方案，我们使用 SVM 分类器从我们的数据中导出判别线性模型。为了合理估计预期的泛化性能，我们使用了五重交叉验证。数据集被分成 5 个相等的子集；通过每次训练 4 个子集，并留下最后一个用于测试，共执行 5 次分类。我们将总体分类性能视作这 5 次分类的平均性能。为了评估归属任务的性能，我们使用了用于评估有监督的分类性能的常用度量：我们计算了精确度（P）、召回率（R）和 F 度量 F_β，其中 TP 表示判别为真的正类数量，TN 表示判别为真的负类数量，FP 表示判别为假的负类数量，FN 表示判别为假的正类数量。

$$P = \frac{TP}{TP + FP} \tag{8.1}$$

$$P = \frac{TP}{TP + FN} \tag{8.2}$$

$$F_\beta = \frac{(1 + \beta^2)\,RP}{(\beta^2 R) + P} \qquad (8.3)$$

我们考虑到精确率和召回率具有相同的权重，因此设置 $\beta = 1$。

8.6 结果和讨论

我们在实验设置中给出了不同特征集，以测量其归属任务的性能，所得到的实验结果详见表 8-3 和表 8-4。其中，表 8-3 针对的是从虚词中得到的特征，而表 8-4 针对的是从词性标签中得到的特征。一般来说，这些结果都表明使用虚词和词性标签三元组频率，相比于基于我们所给语料库的序贯规则的特征，取得了接近最佳的实验结果。

表 8-3　数据集的五重交叉验证实验结果（SR 代表序贯规则，FW 代表虚词）

特征集	P	R	F_1
前 100 个 FW-SR	0.901	0.886	0.893
前 200 个 FW-SR	0.942	0.933	0.937
前 300 个 FW-SR	0.940	0.939	0.939
FW 频率	**0.990**	**0.988**	**0.988**

表 8-4　在我们的数据集进行实验并得出的五重交叉验证结果（SR 代表序贯规则，POS 代表词性）

特征集	P	R	F_1
前 200 个 POS-SR	0.72	0.70	0.71
前 300 个 POS-SR	0.83	0.81	0.82
前 400 个 POS-SR	0.84	0.83	0.83
前 500 个 POS-SR	0.85	0.84	0.84
前 600 个 POS-SR	0.87	0.85	0.86
前 700 个 POS-SR	0.88	0.86	0.87
前 800 个 POS-SR	0.88	0.87	0.88
POS 三元组频率	**0.99**	**0.99**	**0.99**

在这里，我们的研究表明，结合使用时序数据挖掘技术提取出的特征的 SVM 分类器，能够取得一个很好的归属任务性能（例如

在前 300 个 FW-SR 中，F_1 值达到了 0.939）。并且如果我们能够添加更多的规则，归属任务的性能也会进一步提高，直至达到一定的限度（例如在前 100 个 POS-SR 上 F_1 值为 0.733；而如果是前 800 个 POS-SR，F_1 值就会达到 0.880）。

与我们的假设相反的是，基于词袋假设的功能词的频率特征，虽然忽视了顺序信息，但优于使用序贯规则挖掘技术提取的特征。对于词性标签三元组，也出现了同样的结果。

通过仔细研究从词性标签序列中提取的序贯规则，我们发现这些规则（尤其最常见的规则）很大可能是语言语法依赖的（例如，ADJNC 和 PONCT 多达 63 569 个，DET, NC, P $\Rightarrow$ ADJ 多达 63 370 个）。

为了减少这种影响，我们添加了一种类似 TF-IDF 的启发式方法，用于衡量每个序贯规则的整体判别能力。针对文本 t 中存在的序贯规则 R_i 的类似于 TF-IDF 式权重的计算方法如下：

$$TF - IDF_t(R_i) = (1 + \mathrm{supp}_t(R_i)) * \log\left(\frac{N}{N_t}\right) \qquad (8.4)$$

其中 $\mathrm{supp}_t(R_i)$ 是文本 t 中规则 R_i 的支持度，N 是语料库中所有规则的全部支持度，而 N_t 是文本 t 中所有规则的全部支持度。

表 8-5 中 TF-IDF 加权给出的结果优于其原始结果，但它们仍然无法达到当前领域内的最佳文体标记性能。这表明在未来的研究中，我们应该适当地添加一个特征选择方法，通过过滤规则来获得最相关的那一条规则。

表 8-5　在考虑了 TF-IDF 式权重的数据集上进行实验，并得出的五重交叉验证结果（SR 代表顺序规则，POS 代表词性）

特征集	P^*	R^*	F_1^*
前 200 个 POS-SR	0.82	0.79	0.81
前 300 个 POS-SR	0.86	0.84	0.85

（续）

特征集	P^*	R^*	F_1^*
前 400 个 POS-SR	0.87	0.86	0.87
前 500 个 POS-SR	0.89	0.88	0.88
前 600 个 POS-SR	0.89	0.88	0.88
前 700 个 POS-SR	0.91	0.90	0.90
前 800 个 POS-SR	**0.92**	**0.91**	**0.91**

　　通过分别分析在每个作者上的归属任务性能，我们注意到不同作者的归属任务性能之间存在着显著差异（例如，作者普鲁斯特任务上的 F_1 值为 0.1，而作者仲马任务上的 F_1 值为 0.673）；表 8-6 列出了部分实验结果。出现这样的特别之处是由于某些作者在用于实验的作品中具有比其他作者更多的特征文体。通过对数据集中使用到的 40 本书籍内容进行主成分分析（见图 8-2），可以清楚地显示该属性。

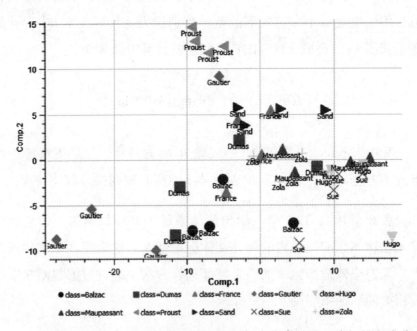

图 8-2　数据集中的 40 本书籍内容（我们为每个作者选取 4 本）的主成分分析结果，具体方法是对于前 200 个 SR 的分析。要获取该图的彩色版，读者可以访问 www.iste.co.uk/sharp/cognitive.zip

　　即使这些结果与那些认为基于词袋特征比基于序列特征更具

相关性的工作取得的结果在文体归属任务上保持一致［ARG 05］，但它们表明使用序贯规则挖掘技术提取的文体标记，对于著述属性任务是有价值的。我们相信，我们的实验结果为一个很有前途的研究领域打开了大门，即对于计算、文体以及著述属性任务，可以通过整合和使用时序数据挖掘技术的方法，来提取更多的语言驱动的文体标记。

表 8-6　通过挖掘前 700 个词性标签序贯规则，分别对每个作者进行实验以评估，所有结果均为五重交叉验证结果

作者名	P	R	F_1
Balzac	0.88	0.75	0.80
Dumas	0.65	0.69	0.67
France	0.92	0.96	0.93
Gautier	0.95	0.85	0.89
Hugo	0.88	0.95	0.91
Maupassant	1.00	0.85	0.91
Proust	1.00	1.00	1.00
Sand	0.92	0.90	0.91
Sue	0.86	0.86	0.86
Zola	0.98	1.00	0.99

实际上，尽管虚词不是描述文体特征的十分相关的特征，但它们是识别作者身份的可靠指标。由于它们在书面文本中的高频出现，因此我们很难通过我们的意识以及意愿来控制虚词，这使得它们成为更固有的特征，并因此最小化了归属错误的风险。此外，与实词不同，虚词更独立于文本的主题和体裁，因此我们不会期望在不同主题上由同一作者撰写的不同文本中去试图寻找频率的巨大差异［CHU 07］。然而，它们基本上依赖于词袋假设，这个假设要求文本是一组独立的词。

正如我们所见，事实证明，作为实验基础的假设并非属实，至少对于我们在本实验中的数据库而言。这个论点现在已经清晰可见，这表明了序贯规则等复杂的特征并不适合著述属性任务的研究。事实上，文体特征的表征能力与其判别能力之间存在一些差

异。执行诸如文体分类之类的分类任务，其最相关和最合适的文体特征是如虚词那样的能在低语言水平上操作的特征。这些复杂特征随后更难以在语言上解释和理解，并且不一定能够增强从文本中抽取出的文体的知识。

8.7　结论

在本章中，我们首次提出了将使用时序数据挖掘技术提取到的文本标记应用于著述属性任务的研究。我们考虑到使用基于虚词和词性标签的序贯规则挖掘技术来提取语言学驱动的标记。为了评估这些标记的有效性，我们在经典法语语料库上进行了实验。我们的初步实验结果表明，序贯规则能取得高归属任务性能，其 F_1 得分可以达到 93%。然而，它们仍然没有比低级特征做得更好，如虚词的频率。

在目前研究的基础上，我们确定了几个未来的研究方向。首先，我们将探索使用概率启发式方法找到最小特征集合这一方法的有效性，该集合依然能够保证良好的归属任务性能，这对于文体和文学分析都大有用处；其次，这项研究将扩展到包括序列模式（带有间隙的 n 元组）作为文体标记；最后，我们打算利用更广泛领域中的标准语料库，针对其他语言和不同大小的文本，进行这种新型文体标记的实验。

8.8　参考文献

[AGR 93] AGRAWAL R., IMIELIŃSKI T., SWAMI A., "Mining association rules between sets of items in large databases", *ACM SIGMOD*, vol. 22, no. 2, pp. 207–216, 1993.

[ARG 05] ARGAMON S., LEVITAN S., "Measuring the usefulness of function words for authorship attribution", *Proceedings of the Joint Conference of the Association for Computers and the Humanities and the Association for Literary and Linguistic Computing*, pp. 3–7, 2005.

[BAA 02] BAAYEN H., VAN HALTEREN H., NEIJT A. *et al.*, "An experiment in authorship attribution", *Proceedings of 6th International Conference on the Statistical Analysis of Textual Data*, pp. 29–37, 2002.

[BUR 02] BURROWS J., "'Delta': a measure of stylistic difference and a guide to likely authorship", *Literary and Linguistic Computing*, vol. 17, no. 3, pp. 267–287, 2002.

[CHU 07] CHUNG C., PENNEBAKER J., "The psychological functions of function words", *Social Communication*, pp. 343–359, 2007.

[DER 04] DE ROECK A., SARKAR A., GARTHWAITE P., "Defeating the homogeneity assumption", *Proceedings of 7th International Conference on the Statistical Analysis of Textual Data*, pp. 282–294, 2004.

[DIE 03] DIEDERICH J., KINDERMANN J., LEOPOLD E. *et al.*, "Authorship attribution with support vector machines", *Applied Intelligence*, vol. 19, pp. 109–123, 2003.

[EDE 13] EDER M., "Does size matter? Authorship attribution, small samples, big problem", *Digital Scholarship in the Humanities*, 2013.

[FOU 11] FOURNIER-VIGER P., TSENG V., "Mining top-k sequential rules", *Advanced Data Mining and Applications*, Springer, pp. 180–194, 2011.

[GAM 04] GAMON M., "Linguistic correlates of style: authorship classification with deep linguistic analysis features", *Proceedings of the 20th International Conference on Computational Linguistics*, pp. 611–617, 2004.

[HOL 01] HOLMES D., ROBERTSON M., PAEZ R., "Stephen Crane and the New-York Tribune: a case study in traditional and non-traditional authorship attribution", *Computers and the Humanities*, vol. 35, no. 3, pp. 315–331, 2001.

[HOO 03] HOOVER D., "Frequent collocations and authorial style", *Literary and Linguistic Computing*, vol. 18, no. 3, pp. 261–286, 2003.

[HOU 06] HOUVARDAS J., STAMATATOS E., "N-gram feature selection for authorship identification", *Artificial Intelligence: Methodology, Systems, and Applications,* Springer, pp. 77–86, 2006.

[KEŠ 03] KEŠELJ V., PENG F., CERCONE N. *et al.*, "N-gram-based author profiles for authorship attribution", *Proceedings of the Conference Pacific Association for Computational Linguistics*, PACLING, vol. 3, pp. 255–264, 2003.

[KHM 01] KHMELEV D., TWEEDIE F., "Using Markov chains for identification of writer", *Literary and Linguistic Computing*, vol. 16, no. 3, pp. 299–307, 2001.

[KOP 04] KOPPEL M., SCHLER J., "Authorship verification as a one-class classification problem", *Proceedings of the Twenty-First International Conference on Machine Learning*, pp. 62–67, 2004.

[KOP 09] KOPPEL M., SCHLER J., ARGAMON S., "Computational methods in authorship attribution", *Journal of the American Society for Information Science and Technology*, vol. 60, no. 1, pp. 9–26, 2009.

[KUK 01] KUKUSHKINA O., POLIKARPOV A., KHMELEV D., "Using literal and grammatical statistics for authorship attribution", *Problems of Information Transmission*, vol. 37, no. 2, pp. 172–184, 2001.

[O'NE 01] O'NEILL M., RYAN C., "Grammatical evolution", *IEEE Transactions on Evolutionary Computation*, vol. 10, no. 6, pp. 349–358, 2001.

[QUI 12] QUINIOU S., CELLIER P., CHARNOIS T. *et al.*, "What about sequential data mining techniques to identify linguistic patterns for stylistics?", *Computational Linguistics and Intelligent Text Processing*, Springer, pp. 166–177, 2012.

[RAM 04] RAMYAA C.H., RASHEED K., "Using machine learning techniques for stylometry", *Proceedings of International Conference on Machine Learning*, 2004.

[RUD 97] RUDMAN J., "The state of authorship attribution studies: some problems and solutions", *Computers and the Humanities*, vol. 34, no. 4, pp. 351–365, 1997.

[SEB 02] SEBASTIANI F., "Machine learning in automated text categorization", *ACM Computing Surveys*, vol. 34, no. 1, pp. 1–47, 2002.

[STA 01] STAMATATOS E., FAKOTAKIS N., KOKKINAKIS G., "Computer-based authorship attribution without lexical measures", *Computers and the Humanities*, vol. 35, pp. 193–214, 2001.

[STA 09] STAMATATOS E., "A survey of modern authorship attribution methods", *Journal of the American Society for Information Science and Technology*, vol. 60, no. 3, pp. 538–556, 2009.

[YUL 44] YULE G., *The Statistical Study of Literary Vocabulary*, CUP Archive, 1944.

[ZHA 05] ZHAO Y., ZOBEL J., "Effective and scalable authorship attribution using function words", *Information Retrieval Technology*, Springer, pp. 174–189, 2005.

一种并行的、面向认知的基频估计算法

Ulrike Glavitsch

9.1 引言

基频 F0 在人类语音感知中起着重要的作用，被广泛应用于语音研究的各个领域。例如，人类基于一些特征来识别情绪状态，其中之一就是 F0［ROD 11］。对于语音合成，F0 的精确估计是级联语音合成中韵律控制的先决条件［EWE 10］。

基频检测是近 40 年来一个活跃的研究领域。早期方法是利用自相关函数和逆滤波技术［MAR 72，RAB 76］。在大多数这些方法中，阈值被用来决定一帧是否被假定为浊音或清音。更先进的方法是结合动态规划方法，基于从条件线性预测残差或归一化互相关函数获得的帧级 F0 估计，来计算 F0 轮廓［SEC 83，TAL 95］。基于归一化互相关的 RAPT 算法也被称为 getf0。Praat 的著名音高检测算法计算互相关函数或自相关函数，并将局部极大值作为 F0 假设［BOE 01］。在频率搜索范围没有上限的语音和音乐 YIN 的基频估计器应用自相关函数和多个修改来防止误差［DEC 02］。在过去的十年中，像音高尺度谐波滤波（PSHF）、非负矩阵分解（NMF）以及时域概率方法等技术已经被提出用于 F0 估计［ACH 05，ROA 07，SHA 05，PEH 11］。在安全性方面，F0 估计是从语音谱中的显著信噪比（SNR）峰值推断出的［CHU 12］。由修改版的 getf0（RAPT）算法得出的音高和发音概率估计被用于音调语言的自动语音识别系统［GHA 14］。这些新颖的方法实现了低错误率和高精度，但是无论是在运行时还是在模型训练期间，计算成本都很高。这些计算方法通常忽略了人类认知的原理，当前面临的问题是如果考虑了F0值，那么F0估计是否可以同样良好地或更好地实现。

在本章中，我们提出了基于人类语音信号的基本现象和固有结构的F0估计算法。周期——也就是F0值的倒数，主要定义为两个最大峰值和两个最小峰值之间的时间距离，我们使用相同的术语来表示两个最大峰值和两个最小峰值之间的语音段。人类语言是一个由交替的语音和停顿段所组成的序列。语音段是一口气说出的字流。语音段通常比停顿段长很多。在语音段，我们区分浊音和清音部分。语音信号在浊音区是周期性的，而在清音区是非周期性的。浊音区可进一步划分为稳定和不稳定区间［GLA 15］。稳定区间表现为准恒定能量或准平坦包络，而不稳定区间表现为显著的能量上升或衰减。在稳定区间上，F0周期大多是有规律的，即最大或最小峰值的序列或多或少是等距的；而在不稳定区域中，F0周期通常缩短、延长、加倍，或者可能与其相邻周期显示出很少的相似性。语音信号是高度可变的，这种特殊情况经常发生。因此，首先计算稳定区间中的F0估计，然后利用这些结果找到不稳定区间的F0，这种方式是有意义的。由于有规律的F0周期可以预测出，因此稳定区间的F0估计方法是比较简单的。针对不稳定区间的F0估计方法计算可能的F0连续序列的变量，并评估它们的最高似然性。这些变量反映了规则和所有不规则周期的情况，并使用峰值预测策略计算。我们将不稳定区间的F0估计方法表示为F0传播，因为它通过考虑先前计算的F0估计来计算和验证当前的F0估计。

事实证明，整个F0估计可以并行地在记录的不同语音段上执行。语音段可以被认为是计算独立实体的可分离的语音单元。

我们认为所提出的算法是面向认知的，因为它包含了人类认知的若干原理。第一，人类听觉也是一个两阶段的过程。内耳对语音部分进行频谱分析，即不同的频率沿着基底膜激发不同的位置，最终激活具有不同特征频率的神经元［MOO 08］。这种频谱分析提供基频和谐波。然而，大脑会检查神经元传递的信息，必要时对其进行插值和校正。我们提出的 F0 估计算法以类似的方式执行，因为 F0 传播步骤从具有可靠 F0 估计的区域进行到 F0 尚不清楚的区域。我们观察到，F0 在高能量稳定区间被可靠地估计了出来，这通常代表元音。因此，我们总是通过从高能量稳定区间到低能量区域的传播来计算不稳定区间的 F0。再次，我们采用人类思维的假设检验原理来产生可能的 F0 序列的变量，并测试它们以检测出不稳定区间中的 F0［KAH 11］。再次，人类认知利用上下文背景来推断当前情景。例如，在语音感知中，如果一个词的含义含糊不清，那么听者会考虑这个词的左右上下文。以类似的方式，我们的算法向前搜寻两个或三个峰值，以便在给定的 F0 假设下找到下一个有效的最大或最小峰值。在不稳定区间的特殊情况下，通过只看前面的一个峰值来消除歧义是少有的。最后，对不同语音段并行执行 F0 估计算法的任务也是从人类认知的角度出发。人脑能够并行处理大量的任务。

上述方法所得到的算法非常有效，完全可扩展，易于理解，并在一个纯语音数据库上进行了评估。识别率优于应用互相关函数和动态规划的参考方法。此外，我们的算法在语音和停顿段、浊音区和清音区以及稳定和不稳定区间中构造语音信号。这种结构可用于进一步的语音处理，如自动文本到语音对齐、自动语音或说话人识别。

9.2　语音信号分割

如引言所述，语音信号由被停顿所分隔的语音单元组成。语音单元包含浊音和清音区域，在浊音部分，我们区分稳定和不稳定区间。下面描述了检测这些不同结构的算法和标准。

9.2.1 语音和停顿段

我们使用该算法来确定 Rabiner 孤立话语的端点，并通过启发式算法对其进行扩展，以找到语音信号中语音段之间的停顿 [RAB 75]。我们把这个组合算法作为一个停顿查找算法。Rabiner 的算法决定信号帧（即一小段 10ms 长度的信号音频）是被表征为基于信号帧的能量和静噪能量的语音还是停顿。静噪能量是包含沉默或信号噪声的区间的平均能量。在语音信号开始时，我们就预测出了算法中的沉默或噪声。用户可以配置计算静噪能量的长度；默认值为 100ms。首先，停顿查找算法计算初始段列表，表中每个分段由其起始和结束样本位置以及段类型（SPEECH 或 PAUSE）来表征。其次，算法将太短的停顿段与其相邻的语音段合并到一起。以类似的方式，它也将太短的语音段与其相邻的停顿段合并到一起。初始段列表中的一些段太短，不能形成真正的语音或停顿段。例如，在爆破或低能量语音段之前的发音停顿通常会被识别为停顿段。停顿和语音段的最小长度是可配置的。最后，该算法将语音段扩展出特定大小的长度。这是必要的，因为语音段的末端可能是低能量音素。这些音素是通过将语音段扩展出一个可配置的长度自动包含的。停顿查找算法由以下六个步骤组成：

1）能量、峰值能量和静噪能量：每隔 10ms 在离散点 k 处计算能量 $E(k)$，k 存在于语音信号的 10ms 窗口中，$k = 0, \cdots, n-1$。峰值能量 Emax 是所有能量 $E(k)$ 的最大能量。Emin 是假定在语音信号开始时出现的初始静噪的平均能量。

2）用于语音 / 停顿判断的阈值 ITL：阈值 ITL 通过以下方法计算 [RAB 75]。

$$I1 = 0.03 \times (Emax - Emin) + Emin \qquad (9.1)$$

$$I2 = 4 \times \text{Emin} \qquad (9.2)$$

$$\text{ITL} = \min (I1, I2) \qquad (9.3)$$

3）初始段列表：每个帧通过将其能量与 ITL 进行比较，被分类为语音或停顿帧。如果它的能量大于 ITL，则为语音帧，否则为停顿帧。连续语音帧形成初始段列表的语音段，连续的停顿帧形成停顿段。

4）过短 PAUSE 类型段的合并：如果一个停顿段比可配置的最小停顿长度短，则将其与相邻语音段合并。默认最小停顿段长度为 200ms。

5）过短 SPEECH 类型段的合并：如果一个语音段比可配置的最小语音长度短，则将其与相邻停顿段合并。默认最小语音段长度为 150ms。

6）SPEECH 类型段的扩展：所有 SPEECH 类型段都进行长度扩展，扩展长度为可配置的最大语音段扩展长度（默认值 50ms）。同时，每个语音段的左右停顿段减少同样值。

图 9-1 显示了用于语音记录的停顿查找算法的结果，其中女性发言者朗读的是 Keele 音高数据库的故事《北风和太阳》的开始部分［PLA 95］。

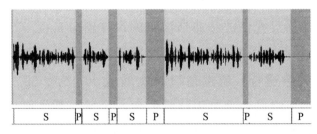

图 9-1　语音信号被分成语音（S）和停顿（P）段（此图的彩色版请参见 www.iste.co.uk/sharp/cognitive.zip）

9.2.2　浊音和清音区

浊音和清音区仅仅是在语音段中检测出来的。在默认情况下，停顿段是清音。为了检测浊音和清音区域，语音段又被细分为帧序列。然而，这些帧比停顿查找算法中的帧要长，也就是 20ms，并且它们有长达一半帧长度的重叠，也就是 10ms。如果帧的平均能量超过某一阈值，我们就将其定义为一个浊音帧，该帧的最大或最小峰值的绝对高度高于给定水平，并且帧中的零交叉数量低于某特定值。浊音区域是浊音帧的序列，类似地，清音区域仅包含清音帧。

零交叉是语音信号中从正采样值变为负值的位置，反之亦然。浊音区，如元音、鼻音等，呈现出低数量的零交叉，而清音区，如摩擦音，通常具有相当多的零交叉。

为了计算帧的平均能量，我们使用比标准方法更加精巧的方法，即计算帧样本的平方和，并将其除以帧长度。而在标准方法中，如果帧的 F0 不是帧长度的整数倍，则结果可能不准确［GLA 15］。在以后的步骤（参见 9.2.3 节）中，它也可能假造浊音／清音决策和帧的稳定／不稳定分类，该步骤也是基于平均能量。然而，由于帧的周期（即 F0 的倒数）在这个处理阶段是未知的，我们以窗口长度的规模来计算平均能量，其中每个窗口长度都对应于不同的周期长度。然后，优化步骤为每个帧找到最佳窗口长度。这个过程类似于音高尺度化的谐波滤波（PSHF）［ROA 07］，它也是用于计算寻找谐波和非谐波谱的最佳窗口长度。选择窗口长度，使得 F0 在 50～500Hz 之间的周期至少多次与所选择的窗口中的一个大致适合。所选窗口长度适应 50、55、60、…、95Hz 的基频。每个窗口长度都围绕帧的中心位置。最佳窗口长度是围绕帧中间位置的少量帧的平均能量显示出最小变化的窗口长度［GLA 15］。

9.2.3　稳定和不稳定区间

我们进一步将浊音区划分为稳定区间和不稳定区间。如前所述，稳定区间具有准恒定能量，而在不稳定区间中，能量会显著上升或下降。在 9.2.2 节中我们给出了计算帧的平均能量的方法，按照以下方式将帧定义为稳定的：其平均能量不能与前一帧的平均能量偏离 50% 以上，也不能与下一帧的平均能量偏离 50% 以上。通过将相对平均能量差的阈值设置为 50%，我们允许对稳定区间的帧之间的能量差给予容忍。这是合理的，因为语音信号表现出较高的变化。

图 9-2 中展示了具有三个稳定区间 S_1、S_2 和 S_3 的语音段的浊音区。该图还描述了一系列待处理的重叠的语音帧。

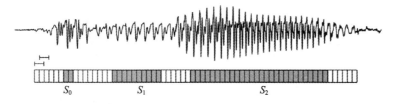

图 9-2   包含男性声带发出的词语"北方"的语音段浊音区的重叠帧。
识别了长度为 1、9 和 27 的三个稳定区间 S1、S2 和 S3

9.3　稳定区间的 F0 估计

稳定区间的 F0 估计方法是找到最大或最小峰值 p_i (i = L, 0, 1, R) 的信号峰值四元组 $P = (p_L, p_0, p_1, p_R)$，使得帧的中心位置介于 p_0 和 p_1 之间。峰值被定义为信号样本序列中的局部最小值或局部最大值。对于每个峰值 p_k, k = 0, …, $n-1$, 在语音段中，我们保持三元组形式 (x_k, y_k, c_k)，其中 x_k 和 y_k 是峰值坐标，c_k 是峰值类型——最小值或最大值。F0 估计是在 P 中提取的周期长度平均值的倒数，这个平均值即峰值 p_L 和 p_0、p_0 和 p_1 以及 p_1 和 p_R 之间距离的平均值。元组 P 是根据相似性得分从一系列可能的候选元组中选择的。此外，我们还须检查峰值元组是否为假定的真 F0 周期的倍数，如果不是就选择不同的峰值元组。在下文中，我们通过描述算法为每个稳定帧寻找这样的峰值元组 P。

　　我们首先在具有最高绝对值的帧中找到峰值。然后，我们寻找具有相似绝对高度的候选峰值，且其相对于最高峰的距离在允许的周期长度范围内。候选峰值的搜索是朝着帧的中心位置方向执行的。给定一对峰值 p_0 和 p_1（其中之一具有最高的绝对值和候选峰值），该算法通过寻找左边和右边的峰值来完成四元组运算。我们在 p_0 和 p_1 的左边和右边大约相同的距离内，选择绝对值最高的峰的间距作为两个峰之间的距离。如果在中间峰对的一侧不能找到这样的峰，则峰值四元组可能会被缩减成三元组。每个这样的候选峰值四元组或峰值三元组被评分，具有最高得分的元组将被选择为试验最佳候选峰值。

　　所提出的得分衡量了峰值距离的相等性和峰值元组的绝对峰值高度。峰值元组 $P = (p_L, p_0, p_1, p_R)$ 的分数 s 是部分分数 s_x 和 s_y 的乘积。其中 s_x 衡量峰值区间的相等性，而 s_y 衡量绝对峰值高度的相似性。部分分数 s_x 被定义为 $1 - a$，其中 a 是边缘处的峰值距离与中间峰值之间距离之间的均方相对差异的根。我们给定 s_y 的值为 $1 - b$，其中 b 是给定峰值元组中的最大绝对峰值高度取得的绝对峰值高度的平均差的根。下面的方程式展示了对于给定的峰值四元组，如何计算分数 s 的方法。这些公式也能轻松适用只有三个峰值的元组：

$$s = s_x s_y \qquad (9.4)$$

部分分数 s_x 定义如下：

$$s_x = 1 - a \qquad (9.5)$$

$$a = \sqrt{(b_0^2 + b_1^2)/2} \qquad (9.6)$$

$$b_0 = \frac{d_1 - d_0}{d_1}, \quad b_1 = \frac{d_1 - d_2}{d_1} \qquad (9.7)$$

$$d_0 = x_0 - x_L, \quad d_1 = x_1 - x_0, \quad d_2 = x_R - x_1 \qquad (9.8)$$

我们使用 $x_i\ (i = L, 0, 1, R)$ 来表示上述给出的峰值 p_i 的 x 轴。

部分分数 s_y 定义如下：

$$s_y = 1 - b \qquad (9.9)$$

$$b = \sqrt{\frac{1}{4}(g_L^2 + g_0^2 + g_1^2 + g_R^2)} \qquad (9.10)$$

$$g_1 = (|y_i| - y_{max})/y_{max}, \; i = L, 0, 1, R \qquad (9.11)$$

$$y_{max} = \max(|y_i|, \; i = L, 0, 1, R) \qquad (9.12)$$

值 y_i 表示峰值 p_i 的峰值高度，$i = L, 0, 1, R$。如果峰值高度和峰值间隔相等，则得分 s 等于 1；如果它们不同，则得分 s 小于 1。

得分最高的峰值元组可能是真实周期的倍数。因此，我们要检查在峰对 p_0 和 p_1 内是否存在等距部分峰。这样的部分峰必须具有与原始候选峰 p_0 和 p_1 相同的绝对高度。如果发现在 x 轴的两侧均有这种部分峰值，我们将寻找具有部分峰值距离的候选峰值元组，并将其指定为当前最佳候选。

接下来，我们寻找在帧中心具有与最佳候选元组相同周期长度的峰值元组。这是通过寻找在周期长度距离内最佳候选值的左侧或右侧峰值，直到找到峰值元组来完成的，其中帧中心位于两个中间峰值 p_0 和 p_1 之间。

最后，我们检测在稳定区间中大致相等的 F0 估计序列，这些序列被称为相等段（equal section）。在相等段中，帧的 F0 估计不能与相等段中的平均 F0 值偏离特定的百分比，目前这个百分比被设定为 10%。将最小长度为 3 的最长相等段设为稳定区间的相等段。其余相等段保存在一个列表中，并在 F0 传播时使用（参见9.4 节）。

9.4　F0 传播

F0 传播是所提出的 F0 估计算法的第二个主要阶段。其目的是在没有可靠 F0 估计的区域中计算和检查 F0 估计。这主要影响不稳定区间以及稳定区间的一部分，如 F0 估计不属于一个相等段。其主要思想是，F0 传播开始于具有最高能量的稳定区间，然后向其左侧和右侧的区域进行。它总是从较高能量的区域进行到较低能量的区域。一旦达到局部能量最小值，它继续以下一个稳定区间作为传播方向，即局部能量最大值。为了验证和修正得到的 F0 估计，我们开发了一个峰值传播过程，即在给定前一帧的峰值元组的条件下，来计算最合理的峰值延续序列。通过考虑反映规则和不规则周期情况下峰值序列的若干变量，找到最合理的峰值延续序列。在下文中，我们将会描述 F0 传播的控制流，并解释特定的峰值传播过程。

9.4.1 控制流

我们分别对每个浊音区域执行 F0 估计的传播。在这个过程中的第一步是传播顺序和传播端点的定义。传播始于稳定区间，这个稳定区间包含在相等段中具有最高平均能量的帧。从这个相等段开始，传播首先流动到左侧，然后向右侧流动。对于每个包含相等段的稳定区间，我们分别定义了左右传播端点。如果在浊音区只有一个稳定区间，则它们是浊音区的起始和结束帧。如果在两个稳定区间 S_1 和 S_2 之间存在局部能量最小值，则传播端点是局部能量最小帧及其直接邻居。如果在 S_1 和 S_2 之间没有局部能量最小值，并且 S_2 具有比 S_1 更低的能量，则它们是 S_2 的开始帧和前一帧。以类似的方式，如果在 S_1 和 S_2 之间没有局部能量最小值，并且 S_1 具有比 S_2 更低的能量，则传播端点是 S_1 的结束帧和后继帧。图 9-3 显示了两个包含相等段 E_0 和 E_1 的稳定区间的浊音段的传播方向、顺序以及端点。为了简洁易懂，我们在图中省略了包含 E_0 和 E_1 的稳定区间。

接下来，我们应用 9.3 节中给出的方法，计算不稳定帧的候选 F0 值，但是具有可容忍的 F0 受限范围。我们计算传播开始处相等

段的平均 F0 值。可容忍的 F0 范围的下限是比 F0 均值低一个八度
的音阶，而上限则是比它高 2/3 个八度的音阶。与稳定区间的 F0
估计方法不同，这里多周期的检查是被省略的，因为它很难在具有
潜在强变化峰值高度的不稳定区间工作。

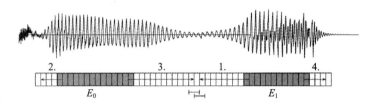

图 9-3　浊音区的传播顺序、方向和终点。在帧的中心位置处标记了传播开始
　　　　和结束点。传播将从等截面 E_1 开始，因为它具有能量比 E_0 更高的帧

F0 传播阶段的主要部分是检查帧的 F0 估计是否与其先前帧的
F0 一致，如果不一致，则执行峰值传播步骤（参见 9.4.2 节）以找
到最合理的峰值延续序列。帧的实际 F0 值是从检测到的峰值延续
序列获得的。峰值延续序列可以是规则的，但也可以包含延长或缩
短的周期或八度跳跃。一旦到达传播端点，我们就检查下一个稳定
区间的相等段的平均 F0 值是否与最后一次计算的平均 F0 值相似。
如果这个条件成立，那么传播通常会在下一个稳定区间继续执行。
否则，检查一个稳定区间中的相等段列表，以便寻找一个拟合得更
好的相等段，如果找到，算法就会将其用作新的传播起点。

9.4.2　峰值传播

峰值传播步骤计算一组峰值序列变量（这些变量可以从前一帧
的峰值元组获取），并评估每个变量的合理性。通过预测策略计算
每个峰值序列来预测出下一个峰值。一般来说，我们先看两个峰值
然后再决定下一个。

我们考虑以下峰值序列变量：

- V1（常规情况）：峰值会继续传播，传播距离与前一帧中的

峰值相同。

- V2（延长周期）：周期会得到延长，并且峰值与峰值之间的距离会变大。
- V3（八度跌落）：相比于前一帧，峰值距离会变成两倍。
- V4（八度上升）：相比于前一帧，峰值距离会变成 1/2。

根据前一帧的八度跳变状态来计算峰值序列变量。每个帧保持八度跳变状态，且其默认值为"无"。对于比正常高出一个八度的 F0 估计状态和已经下降一个八度的 F0 估计状态，存在两个附加值"down"和"up"。变量 V2 用于检测可能未被 V1 捕获的扩展周期。V3 是测试突然八度跌落的情况所必需的，但它仅在八度跳变值为"无"的情况下计算。V4 只有在八度跌落状态下才会被考虑，用来检查这样的阶段是否已经结束。目前，我们的算法既没有检测到重复的八度跌落，也没有检测到突然的八度上升，但是这些情况的识别可以在将来实现。

对于每个变量 V1 ～ V4，我们定义了预测后续峰值的区间范围，以检查在这些区间中出现了哪些峰值并尝试寻找最佳峰值序列。区间范围是相对于最后的峰值距离 D 定义的，即 D 是先前计算的峰值序列传播方向上的最后两个峰值之间的距离。连续峰值序列从前一帧的峰值元组开始，如果峰值传播方向向左，则向左侧添加峰值，反之则向右侧添加。每个要添加的新峰值都会在预测中搜索，同时检查在随后的区间中是否存在类似峰值。因此，我们就产生了一个峰值对预测。通过计算它们的平均绝对高度，每一个这样的峰值对（即预测的两个峰值）都会被打分。在这对峰值中，率先达到最高分数的那个峰值就会被作为峰值序列中的下一个峰值。一旦寻址帧的中心位置已经越过了两个峰值，或者没有找到其他峰值，则该峰值传播停止。在不稳定区间中评估峰值的分数时仅考虑绝对峰值高度，这一点是经过深思熟虑的。由于我们在不稳定区间预测的峰值距离是不规则的，因此这种连峰值距离也考虑的测量方法将产生错误的峰值序列。图 9-4 说明了在左传播方向上的后继峰值的预测策略，从峰值 p_0 开始，峰值 p_0 是前一帧的峰值元组（p_0, p_1, p_R）的一部分。它显示了延长周期 V2 的情况。期望的第一峰值的区间由 I_0 表示。我们发现在 I_0 中有两个可能的候选峰值，即 $p_{k(1)}$ 和 $p_{k(2)}$。对于两个候选峰，我们寻找可能的预测峰值。在图 9-4 中显示了 $p_{k(2)}$ 的预测峰值，它们是区间 $I_{k(2)}$ 中的 $p_{k(2,1)}$ 和 $p_{k(2,2)}$，$p_{k(2,1)}$ 和 $p_{k(2,2)}$ 都取决于 $p_{k(2)}$ 的位置。峰值对 $p_{k(2)}$ 和 $p_{k(2,2)}$ 达到最高得分，因此 $p_{k(2)}$ 将作为峰值传播中的下一个有效峰值。

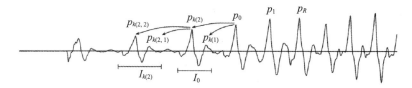

图 9-4　对于以元组 $P = (p_0, p_1, p_R)$ 开始的传播方向向左的扩展周期情况 V2，我们采用峰值预测策略 2。在区间 I_0 中从 p_0 检查峰值 $p_{k(1)}$ 和 $p_{k(2)}$，并且峰值 $p_{k(2,1)}$ 和 $p_{k(2,2)}$ 是在以 $p_{k(2)}$ 开始的预测区间 $I_{k(2)}$ 中查找的预测峰值

　　峰值传播阶段的最后一步是对不同峰值序列变量的评估工作。一般来说，具有最高分数的变量，即具有最高平均绝对峰高的变量，是最佳峰值延续序列。然而，我们依然需要一些额外的检查来验证它。在这里，我们描述的评估步骤是在前一帧没有八度跳跃的情况下进行的。如果先前帧处于八度跌落状态，则我们应用类似的步骤。在当前没有八度跳跃的情况下，我们首先检查 V1 和 V2 是否提供相同的峰值序列。如果是，我们保留 V1 并丢弃 V2，否则执行下一帧的峰值传播步骤，以查看 V2 在双周期情况下是否发散。如果发散，则丢弃 V2 并保留 V1。在所有其他情况下，我们保持 V1 和 V2 之间得分较大的变量，即 V1 中较高绝对平均峰值的峰高。然后，如果 V3 的得分大于或等于 V1，则我们评估 V1 与双周期变量 V3。只有当 V3 没有足够高的中间峰值时，即仅当潜在中间峰的绝对高度小于包围峰的绝对高度最小值的给定百分比，

才应用 V3，并且帧的八度跳跃状态被设置为"down"。否则，从当前的帧安装 V1 峰值序列的峰值元组。

9.5   不稳定的浊音区域

没有稳定区间的浊音区域或没有足够大的等 F0 值子序列的浊音区域会在单独的后续步骤中处理。我们基本上应用了相同的传播过程，只是使用了较宽松的条件和附加信息以找到传播起始点或锚点。

首先，我们计算最后一秒语音的 F0 均值，我们只考虑具有已验证 F0 的帧，即稳定区间的相等段的帧，这些帧用作 F0 传播的起点或不稳定区间中的传播帧。然后，我们为平均 F0 值范围中浊音区域的所有不稳定帧计算候选 F0 值。允许的 F0 范围与 9.4.1 节中所描述的相同。传播的锚点通过检查浊音区域中稳定区间的相等段列表来找到，或者如果浊音区域中不存在稳定区间，则检查最高能量帧周围的小区间。如果 F0 估计的平均值没有太大地偏离最后一秒的 F0 均值，则传播从这个片段开始。如果没有这样的片段发生，我们将保持 F0 估计不变。在这种情形下，没有传播发生。

9.6   并行化

我们所提出的 F0 估计算法是可以通过不同的方式进行并行化的。该算法将音频信号段分割成表示准独立单元的语音和停顿段。一方面，整个 F0 估计算法可以并行地在语音段上运行。另一方面，F0 估计算法的不同任务可以在语音段上并行运行，但是在每个语音段内是顺序运行的。该算法的三个任务是：（1）为计算能量值和峰值所进行的预处理；（2）稳定区间上的 F0 估计；（3）峰值传播。所有信号峰值的列表（包括局部最小和最大值）都会被保留为语音段，并在处理的早期阶段被计算。在我们的算法中实现了 F0 并行化计算的第二种方式，如图 9-5 所示。该图显示了由 S 和

P 表示的一系列语音和停顿段。算法的三个任务（1）~（3）被描述为每个语音段的块。这些任务分别在遍历所有语音段的不同并行处理进程 T1、T2 和 T3 上处理。当然，对于相同的语音段，T2 必须等到 T1 完成后方可启动，T3 同样也要等待 T2 结束才能启动。

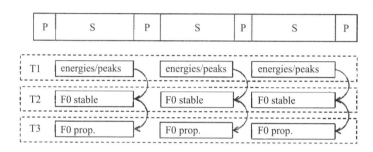

图 9-5   *F0* 估计的并行计算。这三个任务并行地运行并遍历所有语音段，但在每个语音段中都是按顺序进行的

9.7 实验和结果

我们将所提出的 F0 估计算法用于 Keele 音高参考数据库以进行评估。我们测量了浊音错误率（VE）、清音错误率（UE）和总音高误码率（GPE）。如果浊音帧被识别为清音，则存在浊音错误；如果清音帧被识别为浊音，则存在清音错误；如果估计的 F0 值与参考音高相差超过 20%，则计算总音高误差。精度是由均方根误差（RMSE）以 Hz 为单位给出的，所有的帧都被分类为正确的。表 9-1 中给出了并行化、面向认知的 F0 估计算法（PCO）的结果。我们还引用了其他现有的 F0 估计或音高检测算法的结果，比如 RAPT、PSHF 和非负矩阵分解（NMF）［ ROA 07，SHA 05，TAL 95］。RAPT 是目前基于互相关和动态规划最好的时域算法之一。

表 9-1   在 Keele 音高参考数据库上并行的、面向认知的 F0 估计（PCO）的结果，并对比于其他先进算法

	VE（%）	UE（%）	GPE（%）	RMSE（Hz）
PCO	*4.84*	*4.12*	*1.96*	*5.89*
RAPT	3.2	6.8	2.2	4.4

（续）

	VE（%）	UE（%）	GPE（%）	RMSE（Hz）
PSHF	4.51	5.06	0.61	2.46
NMF	7.7	4.6	0.9	4.3

结果表明，PCO 的浊音错误率和清音错误率与现有的其他算法相当。事实上，浊音和清音两种错误率的总和在 PCO 上是最小的，即 8.96%，而在 RAPT 上为 10%，PSHF 为 9.57%，NMF 为 12.3%。总音高误码率（GPE）为 1.96，虽然低于 RAPT 但明显没有低于频域算法 PSHF 和 NMF。我们的算法是一种纯时域方法，其性能优于同样是基于时域进行运算的 RAPT，但我们使用了归一化的互相关函数。然而，我们的算法 PCO 的总音高误差率（GPE）远远低于 Praat、YIN 和 SAFE，如表 9-2 所示。这些引用的算法的 GPE 在［CHU 12］中已经介绍。为了清楚起见，表 9-2 还给出了算法 PSHF、NMF 和 RAPT 的 GPE，部分引用自表 9-1。

表 9-2　与 Keele 音高参考数据库中的标准 F0 估计算法相比，PCO 方法的总音高误码率

	PSHF	NMF	PCO	RAPT	Praat	YIN	SAFE
GPE（%）	0.61	0.9	*1.96*	2.2	3.22	2.94	2.98

均方根误差值（RMSE）在 5.89Hz 处高于其他算法，如表 9-1 所示（RMSE 是对于正确计算的 F0 估计来度量其精度的一种方法）。具体解释如下：基频 F0 被定义为两个最小信号峰值或两个最大峰值之间时间的倒数。然而，最大或最小峰值可能具有向左或向右的倾斜，并且通常在最大或最小峰值附近有一组与其接近的峰值，因此 F0 的计算不如其他方法精确。然而，我们可以通过一些调整手段来提高 F0 估计的精度。

9.8　结论

我们提出了一种 F0 检测算法作为人类认知过程的一个近似模

型。它纯粹在时域中运作，实现了非常低的错误率，并在这方面优于目前基于相关性的方法 RAPT。同时算法执行时在存储和计算方面几乎不占用系统资源。显然，算法的优势和潜力在于模拟人类对 F0 值识别的概念。

在引言中提出的问题是，使用人类认知原理的 F0 估计是否可以与最新的 F0 检测算法一样良好地执行，或者比后者效果更佳。当我们介绍完本章内容后，相信你就会明白，上述问题如果在纯语音下是可以达到的。我们算法的总音高误码率是标准 F0 估计算法中最低的。然而，在均方根误差方面的精度仍然高于其他算法。

我们提出的算法是完全可扩展的，因为在实际应用中我们总能遇到新的特殊场景。从这个意义上说，该算法还可以应用于其他任务，如自然或嘈杂的语音，方法是通过分析新场景并对其建模。这样，它将变得越来越通用。这个过程紧密地反映了人类的学习过程，据说是通过采用实例和建立模式来发挥作用，而与其发生的频率或概率无关［KUH 77］。由于这个原因，我们避免使用权重或概率来支持当前这种或者其他情况，而是通过事先预测和评估直到我们能确定是哪一种情况。

该算法的一个主要优点是除了 F0 轮廓外，将语音信号段切分成各种结构。语音和停顿段的识别使得算法的并行化成为可能。对稳定和不稳定区间进行分类这一任务可应用于自动语音识别。与给出的 F0 估计类似，自动语音识别可以在检测到不稳定区间中的音素之前首先识别稳定区间中的音素。相比不稳定区间，波谱在稳定区间上可以更可靠地计算。

未来的工作将集中于拓展算法并应用于自然的，特别是有噪声的语音数据，并提高 F0 估计的精度。

9.9　致谢

首先感谢香港理工大学 Jozsef Szakos 教授提出的宝贵意见，

还要感谢意大利波罗尼亚大学 Guy Aston 教授的仔细阅读和校对。还非常感谢 Christian Singer，他在毕业论文中实现了停顿查找算法的基础版。

9.10 参考文献

[ACH 05] ACHAN K., ROWEIS S., HERTZMANN A. *et al.*, "A segment-based probabilistic generative model of speech", *Proceedings of ICASSP*, pp. 221–224, 2005.

[BOE 01] BOERSMA P., "PRAAT, a System for doing phonetics by computer", *Glot International*, vol. 5, no. 9/10, pp. 341–345, 2001.

[CHU 12] CHU W., ALWAN A., "SAFE. a statistical approach to F0 estimation under clean and noisy conditions", *IEEE Transactions on Audio, Speech and Language Processing*, vol. 20, no. 3, pp. 933–944, 2012.

[DEC 02] DE CHEVEIGNÉ A., KAWAHARA A., "YIN, a fundamental frequency estimator for speech and music", *Journal of the Acoustical Society of America*, vol. 111, no. 4, pp. 1917–1930, 2002.

[EWE 10] EWENDER T., PFISTER B., "Accurate pitch marking for prosodic modification of speech segments", *Proceedings of INTERSPEECH*, pp. 178–181, 2010.

[GHA 14] GHAHREMANI P., BABA ALI B., POVEY D. *et al.*, "A pitch extraction algorithm tuned for automatic speech recognition", *Proceedings of INTERSPEECH*, pp. 2494–2498, 2014.

[GLA 15] GLAVITSCH U., HE L., DELLWO V., "Stable and unstable intervals as a basic segmentation procedure of the speech signal", *Proceedings of INTERSPEECH*, pp. 31–35, 2015.

[KAH 11] KAHNEMAN D., *Thinking, Fast and Slow*, Farrar, Straus and Giroux, New York, 2011.

[KUH 77] KUHN T.S., "Second thoughts on paradigms", *The Essential Tension, Selected Studies in Scientific Tradition and Change*, The University of Chicago Press, Chicago, pp. 837–840, 1977.

[MAR 72] MARKEL J.D., "The SIFT algorithm for fundamental frequency estimation", *IEEE Transactions on Audio and Electroacoustics*, vol. 20, no. 5, pp. 367–377, 1972.

[MOO 08] MOORE B.C.J., *An Introduction to the Psychology of Hearing*, Emerald, Bingley, 2008.

[PEH 11] PEHARZ R., WOHLMAYR M., PERNKOPF F., "Gain-robust multi-pitch tracking using sparse nonnegative matrix factorization", *Proceedings of ICASSP*, pp. 5416–5419, 2011.

[PLA 95] PLANTE F., MEYER G.F., AINSWORTH W.A., "A pitch extraction reference database", *Proceedings of Eurospeech*, pp. 837–840, 1995.

[RAB 75] RABINER L.R., SAMBUR M.R., "An algorithm for detecting the endpoints of isolated utterances", *Bell System Technical Journal*, vol. 54, no. 2, 1975.

[RAB 76] RABINER L.R., CHENG M.J., ROSENBERG A.E. *et al.*, "A comparative performance study of several pitch detection algorithms", *IEEE Transactions on Acoustics, Speech, and Signal Processing*, vol. 24, no. 5, pp. 399–418, 1976.

[ROA 07] ROA S., BENNEWITZ M., BEHNKE S., "Fundamental frequency based on pitch-scaled harmonic filtering", *Proceedings of ICASSP*, pp. 397–400, 2007.

[ROD 11] RODERO E., "Intonation and emotion: influence of pitch levels and contour type on creating emotions", *Journal of Voice*, vol. 25, no. 1, pp. e25–e34, 2011.

[SEC 83] SECREST B.G., DODDINGTON G.R., "An integrated pitch tracking algorithm for speech systems", *Proceedings of ICASSP*, pp. 1352–1355, 1983.

[SHA 05] SHA F., SAUL L. K., "Real-time pitch determination of one or more voices by nonnegative matrix factorization", *Advances in Neural Information Processing Systems*, MIT Press, vol. 17, pp. 1233–1240, 2005.

[TAL 95] TALKIN D., *A Robust Algorithm for Pitch Tracking (RAPT)*, Speech Coding and Synthesis, Elsevier Science B.V., Amsterdam, 1995.

基于完形填充、脑电图和眼球运动数据对 n 元语言模型、主题模型和循环神经网络的基准测试

Markus J. Hofmann, Chris Biemann, Steffen Remus

之前通过句内上下文预测单词的神经认知学方法有两种，一种基于脑电图（EEG）数据，另外一种基于眼球运动（EM）数据。但是两种方法都依赖于完型填充概率（Cloze Completion Probability，CCP）数据，而 CCP 数据需要通过上百个受试者的参与，耗费大量的时间和精力才能得到。在本章，我们尝试用三个已经构建好的语言模型来预测上述数据。我们将这三个语言模型和其他基线预测因子，比如词频率、词在句子中的位置等相结合。实验结果表明，在 CCP、EEG 和 EM 三种数据上，n 元语言模型和循环神经网络（RNN）语言模型所取得的结果非常接近，而这两种语言模型都是基于句法和短距离语义的。相比较之下，对于 CCP 和 EEG 数据的 N400 成分，主题模型的解释方差（explained variance）很小，说明主题模型对 CCP 和 EEG 过程的影响较小（至少在波兹坦句子语料库上）。然而，对于 EM 数据中的单一注视时延（single-fixation duration），主题模型的方差更高，说明在更先发生的神经认知过程中，长距离的语义信息发挥着更重要的作用。尽管对于 EEG 和 EM 数据，语言模型的方法并没有明显差于 CCP，但是在我们所使用的三个语料库上，CCP 的解释方差总是更高。然而，n 元语言模型和 RNN 语言模型的方差可以达到基于 CCP 的可预测性的一半，特别是在 EEG 和 EM 数据上，可以达到 CCP 的一大半。因此，我们的方法有助于将神经认知模型泛化到所有可能的低频词汇组合上。我们也提出对于语言模型，应当使用与视觉词汇

识别相同的评测基准。

10.1 引言

在神经认知心理学中，人工收集的 CCP 是量化句内上下文中单词可预测性的标准方法［KLI 04, KUT 84, REI 03］。在本节中，我们在 CCP 数据上测试了多种语言模型，与此同时我们也在 EEG 和 EM 等其他数据上进行了测试。通过这些实验，我们希望找到一种方法，可以代替耗时耗力的 CCP 过程。我们测试了基于统计的 n 元语言模型（KNE 95）、基于潜在狄利克雷分布（Latent Dirichlet Allocation，LDA）的主题模型［BLE 03］，以及循环神经网络（RNN）语言模型［BEN 03, ELM 90］，以此来探究语言模型与神经认知数据之间的关联。

我们认为 EEG 波形中的 N400 响应（N400 response）反映了一个词在句内上下文中的契合程度，而 CCP 数据通常是对这种契合程度的解释［DAM 06, KUT 84］。此外，在眼球运动控制（eye movement control）的模型中，CCP 数据也被用来量化在句内上下文中单词的可预测性［ENG 05, REI 03］这个概念。然而，因为 CCP 数据的搜集需要耗费大量的人力物力［KLI 04］，基于 CCP 的模型很难在所有新型激励中泛化推广［HOF 14］，这也使得该方法很难在实际的技术应用中普及。

在单词识别的任务上，为了量化计算模型的表现，Spieler 和 Balota［SPI 97］提出，应当对每一个模型计算 item 级别的方差，即多名受测者的平均时延。因此，我们使用平均单词命名延迟（mean word naming latency）作为预测因子（predictor variable），其定义如下：$y = f(x) = \sum a_n x_n + b + \text{error}$。在上式中，用每一个预测因子 x 乘以斜率因子 a，加上截距 b 以及一个误差项，就得到了最终的预测因子。接下来还需要计算皮尔逊相

关系数（Pearson correlation coefficient），并求平方以确定解释
方差 r_2 的值。模型拥有的自由参数的数目 n 太大时，容易在误
差方差上过拟合，所以一般选择自由参数更少的模型（如［HOF
14］）。

尽管认知过程模型可以在行为命名数据［PER 10］上最高达
到 40% ～ 50% 的方差，但神经认知数据本身也包含了更多的噪
声。唯一可以在 EEG 数据［BAR 07, MCC81］上得到较高的解
释方差的交互激活模型是 Hofmann 等人的模型［HOF 08］，该模
型的方差可以达到 N400 的 12% 左右。虽然眼球运动控制模型使
用了 item 级别的 CCP 数据作为预测变量［ENG 05, REI 03］，但
是根据我们以往的经验，该计算模型是很难在 item 级别上衡量的
［DAM 07］。

尽管使用 CCP 数据为不同的研究提供了相互比较的途径，但
是 CCP 数据的生成十分不易，并且它也仅仅存在于一部分语言
之中［KLI 04, REI 03］。如果有一种方法可以利用（大规模的）
自然语言语料库自动地获取信息，针对资源贫乏语言的实验过程
就会快很多。并且因为使用的是标准语料库，比如 Goldhahn 等
人构建的包含多个语种的语料库［GOL 12］，不同实验间也具
备了可比性。但是，尚不清楚什么样的语料库最适合用于不同
实验的比较，也不清楚在人类受试的实验数据上不同的方法有
什么区别。

10.2　相关工作

第一个开展完形填充实验工作的是 Taylor［TAY 53］。在该
实验当中，对于每一个单词，用该单词进行完型填充的人的比率
就记作该单词的完形填充概率。举例而言，当完形填充的句子
是 "He mailed the letter without a ＿＿＿" 时，99% 的参与者都使
用 "stamp" 来填空，因此该单词的 CCP 就等于 0.99［BLO 80］。

Kliegl 等人［KLI 04］对 CCP 使用 logit 变换来得到 pred = ln (CCP/(1 − CCP))。

　　事件相关电位（event-related potentials）是从 EEG 数据中计算得到的。对于 N400 的情况而言，通常单词是逐词呈现的，对于每一次单词呈现事件，其所对应的 EEG 波形都是大量受试者波形的平均。由于脑电位是通过其极性和时延标记的，所以术语 N400 指的是在目标词出现之后约 400ms 的负偏转。

　　在 Kutas 和 Hillyard［KUT 84］发现了 N400 对完型填充概率的敏感性之后，他们认为，这种敏感性反映了一个词与其上下文之间的语义关系。然而，决定 N400 振幅大小的还有很多其他因素［KUT 11］，比如，Dambacher 等人［DAM 06］发现词频率（freq）、词在句子中出现的位置（pos）以及可预测性（pred）都会影响到 N400。

　　在阅读的过程中，虽然眼球在注视某一个单词的时候是相对静止的，但是正在阅读的人会时不时做出称为眼跳（saccade）的运动［RAD 12］。在眼球向前浏览的过程中，当受试者成功地识别一个单词的时候，眼球要么会跳过这个单词，要么会继续注视这个单词。眼球停留在某个单词上的时间被称为单一注视时延（Single Fixation Duration，SFD），这个参数与基于句内上下文的单词可预测性密切相关（如［ENG 05］）。

10.3　方法

10.3.1　人类绩效评估

　　本研究提出，可以在三个语料库上对语言模型进行 item 级别的基准测试，而这三个语料库都是开源的。可预测性是在波兹坦句子语料库（Potsdam Sentence Corpus）[⊖]上进行评估的，该语料库最先由 Kliegl 等人［KLI 04］建立，包含 144 个句子，以及组成句子的 1138 个符号，可以从［DAM 09］的附录 A 获得。而用于衡量单词的可预测性的、经过 logit 变换后的 CCP 数据，是从 Ralf Engbert 的主页 1（homepage1）［ENG 05］得到的。举例而言，在句子"Manchmal sagen Opfer vor Gericht nicht die volle Wahrheit"（在法庭上，受害者并不总是说实话）中，最后一个词的 CCP 大小为 1。N400 振幅是从 343 个开放类别的单词中获得的，这些单词由 Dambacher 和 Kliegl 收集［DAM 07］。这些单词可以从波兹坦精神研究知识库（Potsdam Mind Research Repository）[⊖]获得，而对应的 EEG 数据是基于之前的一项研究得到的（在［DAM 06］上有相关的细节）。实验在 48 个受试者中进行，每个受试者的中央顶叶上都布置了 10 个电极。我们把在眼球看到每个单词 300～500ms 后，电极上所测得的电压在 48 名受试者上做平均，得到 N400 的值。SFD 数据也是基于相同的 343 个单词得到的，这 343 个单词与前文来源相同［DAM 07］。仅出现一次的词也被包含在数据当中，而这些词的 SFD 在 50～750ms 之间。最后得到的 SFD 数据是 125 个德语母语者受试结果的平均值［DAM 07］。

10.3.2　语言模型的三种风格

语言模型本身是对语言现象的一种概率描述。所谓概率指的是，我们会从多个候选项中选择最流畅的一个，比如在机器翻译或者是语音识别中就是如此。词的 **n 元模型**是用一个长度为 $n-1$ 的马尔可夫链定义的，在 n 元模型当中，下一个词出现的概率仅仅依赖于前面的 $n-1$ 个词。在统计模型当中，给定前面出现的 $n-1$

[⊖] http://mbd.unipotsdam.de/EngbertLab/Software.html

[⊖] http://read.psych.unipotsdam.de

个词，单词表中每一个词的概率分布是基于大型自然语言语料库的 n 元计数得到的。n 元语言模型有很多种（可以参见［MAN 99］的第 3 章），不同 n 元模型的主要区别在于它们处理隐藏事件的方式，以及处理概率平滑的方式。这里，我们使用 Kneser-Ney［KNE 95］五元模型$^{\ominus}$。对于序列中的每一个单词，语言模型都会计算得到一个在区间［0, 1］上的概率 p。我们使用概率的对数 $\log (p)$ 作为预测的结果。我们使用所有词的完整形式，也就是说，我们不会过滤特定类型的词，也不会对词形进行还原。n 元语言模型擅长对单词附近的句法结构进行建模。因为 n 元模型只使用序列中最相邻的历史信息来预测下一个单词，所以该模型不能解释长距离现象，也不能解释语义连贯性［BIE 12］的问题。

潜在狄利克雷分布（LDA）主题模型［BLE 03］是一个生成式的概率模型，该模型将文档表示为 N 个主题的混合（N 的大小是固定的），而这 N 个主题是通过词汇表中的一元概率分布定义的。通过类似吉布斯采样的过程，可以推断出主题的分布。如果两个单词经常在同一文档中出现，则这两个单词分配到同一主题的概率也会很高。从文本序列中对主题分布进行采样时，根据文档 – 主题（document-topic）的分布和主题 – 词（topic-word）的分布，每一个词都会随机分配一个主题。我们使用 Phan 和 Nguyen［PHA 07］的 GibbsLDA 配置，在背景语料库上训练一个有 200 个主题的 LDA 模型（α 和 β 的默认值是 0.25 和 0.001）。在绝大部分文档中都会出现的词（即停用词）和只在极少数文档中出现的词（即打印错误的词或者是稀有词），都会从 LDA 词汇表中移除。下一步计算每个文档的主题分布 $p(z|d)$，以及每个主题的词汇分布 $p(w|z)$。在上面的两个式子中，z 是每个主题的隐变量表示，d 是训练过程中一个完整的文档（而在测试过程中，d 指的是当前句子所包含的历史信息），w 指的是一个词。对比之前只使用排名最高的前三个主题的方法

$\ominus$ https://code.google.com/p/berkeleylm/

［BIE 15］，在本方法中，我们会基于历史信息 d 计算目标词 w 的概率，得到的结果是针对不同主题成分的混合 $p\ (w|d) = p\ (w|z)\ p\ (z|d)$。我们假设主题模型可以解释一些长距离的语义现象，而这些现象是 n 元模型无法描述的。尽管在心理学上，贝叶斯主题模型可能是用于解决语义问题最普遍的方法（如［GRI 07］），但是潜在语义分析（LSA）不适用于解决我们的任务［LAN 97］。这是因为，我们使用 LDA 的能力来处理还未输入的文档，而 LSA 则假设词汇表的大小是固定的，将新的文档添加到 LSA 的固定文档空间中并不容易。

　　虽然 Jeff Elman［ELM 90］的开创性工作表明，可以借助一些简单的循环单元自动获得语义和句法结构，但在很长一段时间内，在语言建模相关的问题上，这项工作并没有引起关注。但是最近，很多计算研究开始对这项工作感兴趣。简而言之，这样的**神经网络语言模型**会基于一个单词的历史信息预测该单词出现的最大概率，这种历史信息是通过将神经单元的输出连接回自身得到的，而采用这种连接方式的神经单元非常类似于人类海马体中 CA3 区域中的神经元［MAR 71, NOR 03］。首先提出使用神经网络进行语言建模的是 Bengio 等人［BEN 03］，但是由于这种方法的空间和时间复杂度太高且计算困难，在当时并没有得到太多关注。得益于最近神经网络的发展（参见［MIK 12］），神经网络语言模型逐渐流行开来，特别是可以获得作为副产品的神经网络词嵌入（neural word embedding）。我们在本工作中使用的语言模型采用循环神经网络架构⊖，该架构与 Mikolov 的 Word2Vec 工具包⊜类似。我们训练一个具有 400 个隐藏层的模型，该模型使用了层级 softmax。在测试过程中，我们对于每一个当前单词用到了该单词之前的全部历史信息。

⊖　FasterRNN: https://github.com/yandex/faster-rnnlm
⊜　Word2Vec: https://code.google.com/archive/p/word2vec/

10.4　实验设置

Engbert 等人［ENG 05］的数据由 144 个德语短句组成，其平均长度为 7.9 个字符（token），并且提供了单词在每百万语料中的出现频率 freq［BAA 95］、pos 和 pred 等作为特征。我们提出了两个基于语料库的预测因子，测试了它们是否可以用来衡量单词的可预测性，并且比较了这两个方法在 EEG 和 EM 数据上的表现。为了训练 n 元模型和主题模型，我们使用了三个大小不同的语料库，并且三个语料库涵盖了语言的不同领域。此外，用于计算主题模型的单元大小也不同。

NEWS：德国在线新闻（German online newswire）从 2009 年至今的内容所组成的大型语料库，由 LCC［GOL 12］收集完成。该语料库包含 340 万个文档、3000 万个句子、5.4 亿个字符。这个语料库是不平衡的，因为该新闻领域重要事件的报道比其他内容更多。主题模型是在文档层级上训练的。

WIKI：维基百科最新内容的集合，包含 114 000 篇文章、770 万个句子、1.8 亿个字符。这个语料库相对而言比较平衡，因为每一个主题和命名实体，无论其热门与否，都是在单独的一篇文章中进行描述，而且该语料库包含了多个领域的主题。主题模型是在文档层级上进行训练的。

SUB：opensubtitles.org 上的德语字幕的最新集合，包含 7420 部电影、730 万句对话、5400 万个符号。尽管这个语料库比其他的小很多，但其内容更加偏向口语化。Brysbaert 等人［BRY 11］表明，在单词识别的过程中，对于识别出每一个单词的速率，相比较于大型的书面语数据集，由字幕组成的语料库中得到的词频率与该速率表现出了更高的关联度。主题模型以每一部电影为单位进行了训练。

接下来对于 $N = 1138$ 个可预测性得分［ENG 05］，或者

N = 343 个 N400 振幅或者 SFD［DAM 07］，计算皮尔逊积矩相关系数（product-moment correlation coefficient）（如［COO 10：293］），然后取平方。为了解决过拟合的问题，我们随机地将语料库分成了两部分，然后在这两个包含 569 个项目的子集上，计算了可再现预测的方差是多少。对于 N400 振幅和 SFD，我们使用了全部语料库，因为半个语料库太小了，所得到的预测是无法再现的。所有的预测因子之间的关系展示在了表 10-1 中。我们发现无论是在同一语料库内部，还是在语料库之间，N 元模型和 RNN 模型的预测结果的关联度都非常高，但是基于主题的预测结果与另外两个模型的关联度却比较小，这也进一步证实了我们的假设（即不同模型反映了不同的神经认知过程）。

表 10-1　不同语言模型预测因子之间的关联

		1	2	3	4	5	6	7	8	9
NEWS	1. n 元语言模型		0.65	0.87	0.87	0.56	0.84	0.83	0.59	0.80
	2. 主题模型	0.65		0.68	0.66	0.78	0.70	0.61	0.77	0.61
	3. 神经网络语言模型	0.87	0.68		0.84	0.59	0.88	0.77	0.62	0.79
WIKI	4. n 元语言模型	0.87	0.66	0.84		0.61	0.90	0.79	0.59	0.78
	5. 主题模型	0.56	0.78	0.59	0.61		0.65	0.55	0.75	0.55
	6. 神经网络语言模型	0.84	0.70	0.88	0.90	0.65		0.76	0.64	0.79
SUB	7. n 元语言模型	0.83	0.61	0.77	0.79	0.55	0.76		0.61	0.85
	8. 主题模型	0.59	0.77	0.62	0.59	0.75	0.64	0.61		0.61
	9. 神经网络语言模型	0.80	0.61	0.79	0.78	0.55	0.79	0.85	0.61	

10.5　结果

10.5.1　可预测性结果

在第一系列的结果当中，我们首先人工获得了基于 CCP 方法的可预测性数据，然后尝试用基于语料库的方法来研究该数据。如果解释方差很大的话，就表明可以使用基于语料库的自动方法衡量单词的可预测性。我们使用 pos 和 freq 两个变量构造了一组基线预测因子，对于语料库分成的两部分而言，该预测因子计算得到的方差分别为 0.243 和 0.288。表 10-2 展示了在同一个语料库上，使用不同的基于语料库的模型单独，或者与基线系统组合，或者彼此之间互相组合后得到的实验结果。

表 10-2　r^2 表明了在给定语料库的两半上，以及基于语料库的预测因子和基线系统的不同组合，所得到的预测结果的方差

预测因子	NEWS	WIKI	SUB
n 元语言模型	0.262/0.294	0.226/0.253	0.268/0.272
主题模型	0.063/0.061	0.042/0.040	0.040/0.034
神经网络语言模型	0.229/0.226	0.211/0.226	0.255/0.219
基线系统 + n 元语言模型	**0.462/0.490**	0.423/0.458	0.448/0.459
基线系统 + 主题模型	0.348/0.375	0.333/0.357	0.325/0.355
基线系统 + 神经网络语言模型	**0.434/0.441**	0.418/0.433	**0.447/0.418**
基线系统 + n 元语言模型 + 主题模型	0.462/0.493	0.427/0.464	0.447/0.458
基线系统 + n 元语言模型 + 神经网络语言模型	0.466/0.492	0.431/0.461	0.467/0.461
基线系统 + 神经网络语言模型 + 主题模型	0.438/0.445	0.421/0.436	0.446/0.423
基线系统 + n 元语言模型 + 主题模型 + 神经网络语言模型	0.466/0.493	0.433/0.465	0.467/0.460

很明显可以看到，n 元模型的表现是最好的，而且单独的神经网络模型也可以达到与基线系统相当的 r^2 值。另外，相比较于之前的只使用前三个主题的方法 [BIE 15]，将所有主题混合后得到的方差相对较小。事实上，将基线系统和 n 元模型相结合，就可以达到与所有模型相结合相当的预测结果，因此这种方法可以实现更高的解释方差和更少的资源消耗之间的一个折中。另外，循环神经网络模型可以取得与这个模型非常接近的表现（参见图 10-1 ）。

我们把在不同语料库上训练的所有基于语料库的预测因子组合为一个新的模型，该模型取得了最高的 r^2 值（ 0.490/0.507 ）。简而言之，通过位置和频率特征的组合，再加上单词的 n 元语言模型、RNN 语言模型中的任意一个，得到的方差就可以达到实验可预测性的一半。

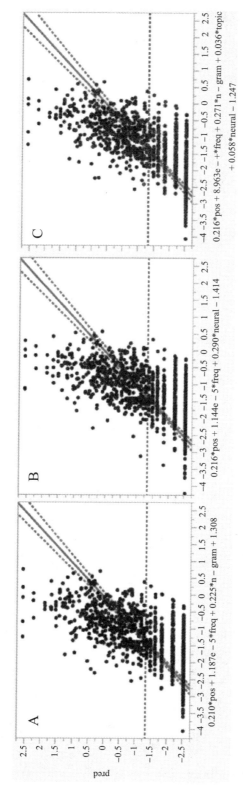

图 10-1　x 轴表示的是 NEWS 语料库，y 轴表示的是 $N = 1138$ 个可预测数据。A）基线系统加 n 元模型的预测（$r^2 = 0.475$）；B）循环神经网络（$r^2 = 0.437$）；C）结合所有预测因子的模型（$r^2 = 0.478$）。三组 Fisher r-z 测试所得到的解释方差没有明显的差异（$Ps > 0.18$）（此图的彩色版本可以参阅 www.iste.co.uk/sharp/cognitive.zip）

10.5.2 N400 振幅结果

在对 N400 振幅进行建模的实验中，我们尝试了多种模型的组合，因为该实验允许我们将基于语料库的方法、基线方法，以及可预测性任意组合。我们在全部的 343 个数据点上对 N400 振幅进行了拟合。如果不与基于语料库的预测因子相结合，单独的基线系统仅仅可以达到 0.032 的方差，单独的可预测性达到的方差为 0.192，而这两种方法的结合达到的方差为 0.193。也就是说，当与基于 CPP 的可预测性相结合的时候，基线方法所取得的方差几乎可以忽略不计。如表 10-3 所示，语言模型的方法很难达到这样一个分数，即使将所有语言模型结合到一起也很难达到。

表 10-3 不同的基于语料库的方法与基线方法、实验可预测性方法相结合，然后对于 N400 振幅的解释方差 r^2

预测因子	NEWS	WIKI	SUB
n 元语言模型	0.141	0.140	0.126
主题模型	0.039	**0.055**	0.025
神经网络语言模型	0.108	0.098	0.100
基线系统 + n 元语言模型	**0.161**	0.153	0.135
基线系统 + 主题模型	0.063	0.079	0.055
基线系统 + 神经网络语言模型	0.133	0.116	0.114
基线系统 + n 元语言模型 + 主题模型	0.161	0.158	0.132
基线系统 + n 元语言模型 + 神经网络语言模型	0.167	0.153	0.141
基线系统 + 神经网络语言模型 + 主题模型	0.133	0.123	0.112
基线系统 + n 元语言模型 + 主题模型 + 神经网络语言模型	**0.167**	0.158	0.137
基线系统 + n 元语言模型 + 可预测性	**0.223**	0.226	0.206
基线系统 + 主题模型 + 可预测性	0.193	0.204	0.191
基线系统 + 神经网络语言模型 + 可预测性	0.221	0.212	0.206
基线系统 + n 元语言模型 + 主题模型 + 可预测性	0.225	0.228	0.203
基线系统 + n 元语言模型 + 神经网络语言模型 + 可预测性	0.228	0.226	0.209
基线系统 + 神经网络语言模型 + 主题模型 + 可预测性	0.224	0.215	0.203
基线系统 + n 元语言模型 + 主题模型 + 神经网络语言模型 + 可预测性	**0.232**	0.228	0.206

当对使用计算方法定义的预测因子进行测试的时候，我们发现，其预测结果的表现与实验可预测性表现类似。n 元语言模型的得分是最高的，特别是在 NEWS 和 WIKI 这两个比较大的语料库上。这也验证了一个公认的假设，即在较大的训练数据上的表现通常要强于较小的、内容单一的训练数据上的表现，参见［BAN 01］等例子。在拟合 N400 振幅时，表现仅次于 N 元语言模型的是神经网络语言模型，而基于主题的预测变量又一次取得了最低的方差，这表明 N400 振幅不反映长距离语义处理过程。在不结合可预测性的前提下，对于最好的方法组合可以取得 0.167 的 r^2 的结果，该结果接近可预测性模型和基线方法组合所能达到的表现（参见图 10-2）。

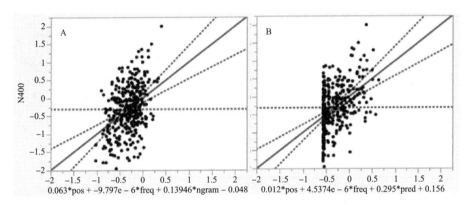

图 10-2　在 NEWS 语料库上的实验结果，x 轴表示语料库，y 轴表示在 $N = 334$ 个单词上的平均 N400 振幅。A）基线方法 + n 元语言模型（$r^2 = 0.161$）；B）预测 N400 数据的标准方法，包括位置（pos）和频率（freq）的等基线预测因子，以及实验可预测性（$r^2 = 0.193$；如［DAM 06］）。Fisher 的 r-z 测试表明解释方差并没有明显的差异（$P = 0.55$）（这张图片的彩色版可以从 www.iste.co.uk/sharp/cognitive.zip 处获得）

　　将可预测性作为一个额外的预测因子与基线系统相结合所得到的实验结果支持了上一节的结论：n 元语言模型 + 基线方法，以及可预测性模型，这两个方法所捕捉到的是人类阅读绩效中不同方面的信息。因此这两个方法结合后，取得的方差比单独使用实验可预测性提升了 6%。

10.5.3 单一注视时延结果

在本节中，我们使用基于语料库的预测因子，对于 343 个单词的平均单一注视时延（SFD）进行了拟合，见表 10-4。在这组实验上，pos+freq 基线模型取得的 r^2 是 0.021，而可预测性模型（单独使用或者与基线系统相结合）取得的 r^2 是 0.184。

表 10-4　在基线系统、实验可预测性和基于语料库的预测因子的不同组合下，拟合单一注视时延数据所能取得的解释方差

预测因子	NEWS	WIKI	SUB
n 元语言模型	0.225	0.140	0.126
主题模型	0.135	0.140	0.100
神经网络语言模型	0.242	0.190	**0.272**
基线系统 + n 元语言模型	0.239	0.226	0.226
基线系统 + 主题模型	0.152	0.154	0.127
基线系统 + 神经网络语言模型	0.265	0.204	**0.284**
基线系统 + n 元语言模型 + 主题模型	0.260	0.262	0.246
基线系统 + n 元语言模型 + 神经网络语言模型	0.287	0.238	0.297
基线系统 + 神经网络语言模型 + 主题模型	0.279	0.235	0.298
基线系统 + n 元语言模型 + 主题模型 + 神经网络语言模型	0.295	0.265	**0.307**
基线系统 + n 元语言模型 + 可预测性	0.273	0.274	0.258
基线系统 + 主题模型 + 可预测性	0.235	0.250	0.229
基线系统 + 神经网络语言模型 + 可预测性	0.314	0.267	0.320
基线系统 + n 元语言模型 + 主题模型 + 可预测性	0.297	0.301	0.275
基线系统 + n 元语言模型 + 神经网络语言模型 + 可预测性	0.319	0.283	0.322
基线系统 + 神经网络语言模型 + 主题模型 + 可预测性	0.319	0.289	0.329
基线系统 + n 元语言模型 + 主题模型 + 神经网络语言模型 + 可预测性	0.323	0.304	**0.330**

实验结果确认了 n 元模型所具有的解释 EM 数据的能力。单独的 n 元模型就可以取得比可预测性更高的方差，不过二者的差别并不明显（$P > 0.46$）。

然而，相比较之前在可预测性数据和 N400 振幅数据上的实验结果，在本实验中，RNN 语言模型的表现明显强于 n 元模型，其

所能取得的方差要高出 3%。但是该结果不是在最大的 NEWS 语
料库上取得的，而是在一个较小的语料库，也就是 SUB 语料库
上取得的。这表明虽然语料库较小时噪声会相对较大，但是对于
SFD 数据而言，降维可以降低这种影响（参见 ［ BUL 07, GAM 16,
HOF 14 ］）。因此，对于类似 SFD 等发生时间较前的神经认知处理
过程，如果在口语语料库上对语言模型进行训练，神经网络模型可
以取得更好的拟合效果 ［ BRY 11 ］。

相比较于 EEG 等其他神经认知基准变量，主题模型对于 SFD
的影响更大，表明相比较于可预测性数据和 N400 振幅，SFD 数据
更多地反映了长距离的语义信息。综合以上考虑，这些发现表明
SFD 和 N400 振幅对应了不同的认知过程（参见 ［ DAM 07 ］）。

最后，尽管添加可预测性可以提升 2% 的解释方差，但是处理
SFD 数据主要依靠的是语言模型。如果将所有的基于语言模型的
预测因子都结合到一起，就可以取得比标准模型（基线系统 + 可预
测性）更加优秀的表现（见图 10-3）。

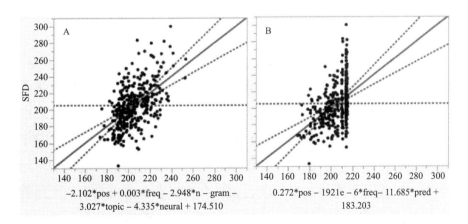

$-2.102*pos + 0.003*freq - 2.948*n - gram - 3.027*topic - 4.335*neural + 174.510$

$0.272*pos - 1921e - 6*freq - 11.685*pred + 183.203$

图 10-3　预测模型在 SUB 语料库上的结果，x 轴表示 SUB 语料库，y 轴表示
　　　　 $N = 334$ 个单词的平均 SFD 数据。A）基线系统 + 全部的三个语言
　　　　 模型的预测结果（$r^2 = 0.295$）；B）处理 SFD 数据的标准模型（基线
　　　　 系统 + 可预测性）的预测结果（$r^2 = 0.184$）。Fisher 的 r-z 测试展示
　　　　 了两个模型在解释方差上的区别（$z = 1.95; P = 0.05$）（图片的彩色
　　　　 版本可参见 www.iste.co.uk/sharp/cognitive.zip）

10.6　讨论和结论

我们验证了三个基于语料库的预测因子对于三种数据的拟合能力，这三种数据分别是句内上下文中单词的可预测性，以及由此引出的 EEG 信号以及基于 EM 的阅读表现。我们的假设是基于句子中的上一个字符，单词的 n 元模型、主题模型和 RNN 语言模型可以用来衡量下一个字符的可预测性，在本实验中这种可预测性是通过三种方式表征的，分别是人类感知结果、脑电图数据和眼球运动数据。因此，我们使用 item 级别解释方差大小作为衡量标准。在视觉单词识别过程中，item 级别的方差一直是作为神经认知模型的标准评估参数。

我们的假设至少得到了部分证实：n 元模型和 RNN 语言模型，有时结合基于频率和位置的基线系统，可以在很大程度上拟合人类的可预测性得分，而且其对于人类阅读绩效数据，也能够取得与可预测性相当的解释方差——在 N400 振幅数据上稍低，而在 SFD 数据上稍高。之所以在 N400 振幅数据上语言模型取得的解释方差稍低，可能是因为相比较眼球运动数据，EEG 数据的受试者更少，所以噪声更多。

而另一方面，主题模型所捕捉到的长距离的语义关系则提供了另外一个视角的信息。对于可预测性和 N400 振幅，主题模型的拟合能力较差。相比之下 SFD 反映了一点，对于能否在浏览过程中快速识别出一个新的单词，长距离的、文档级别的信息起到的作用更大。即使文本为单独的句子，并且在文档没有篇章级别的主题设置的情况之下，这种现象也依然会出现。这表明口语和分类等长距离的语义结构决定了能否快速有效地识别一个词，而且这个过程是在单词识别过程启动后的 300ms 内完成的。对比之下，主题模型几乎无法解释在脑电图数据中大约 400ms 时出现的后续处理过程，以及通过可预测性得分表现出来的其他耗时的、较晚的处理过程。

在对句内上下文中单词的实验可预测性，以及 N400 振幅进行预测时，RNN 模型往往比 n 元模型表现更差。而在拟合 SFD 数据时，神经网络模型则表现更优。最有趣的是，在一个比较小但可能更具代表性的口语语料库上进行训练时，神经网络模型的表现是最佳的。因此，并非在所有的模型上，更大的语料库都可以取得更好的表现［BAN 01］。这也提示了尽管降维的泛化属性对于较小的语料库更为重要［BUL 07，GAM 16，HOF 14］，但是对于较大的语料库，降维会导致建模精度的下降。

那么用 n 元语言模型统计数据代替人类可预测性得分是否是一种可行的做法呢？我们已经看到，可预测性和结合了词频、位置信息的 n 元语言模型之间有非常强的关联性，而且基于 n 元语言模型的预测因子可以取得与可预测性相近的解释方差，所以这种做法似乎是可行的。然而，尽管基于语料库的预测方法可以取得与人工收集的可预测性数据相近的解释方差，将可预测性与基于语料库的方法相结合总是可以取得比单独使用基于语料库的方法更高的方差——尽管这种差别并不明显（参见图 10-2 及［BIE 15］）。

在眼球追踪和 EEG 研究上，当与位置、频率和可预测性等三个标准预测因子相比较的时候，我们发现，只有在 SFD 数据上，三个基于语料库的预测因子都可以取得比标准模型更好的表现。然而很明显，上述方法比标准模型需要更多的预测因子，因此自然也更容易拟合更多的误差方差。因此，我们现有的实验证据还不足以支撑一个确切的结论。另外，对于结合了三个预测因子的模型而言，添加实验可预测性也可以在解释方差上取得 2% 的绝对提升。

与词频率和位置等相结合的时候，n 元语言模型或者神经网络语言模型所取得的方差是可预测性方差的一半，或者 N400 振幅以及 SFD 数据方差的一大半。因此，我们认为可以用这两个模型来代替难以收集的 CCP 数据。这不仅减少了大量的实验预处理工作，也为（神经）认知模型的实际应用提供了可能。例如，使用 n 元语言模型、主题模型和神经网络模型，可以将眼球运动控制计算模型泛化到新句子上 ［ ENG 05, REI 03 ］。

语言模型也可以提高我们对于可预测性、EEG 和 EM 等所衡量的认知过程的理解。尽管尚不清楚究竟是什么决定了基于 CCP 的可预测性的人类绩效，不同的语言模型借助其训练数据提供了不同粒度的视角，这些语言模型的实验结果也表征了对于"单词可预测性"的不同神经认知衡量，影响每一种衡量的语义知识是句子级别还是文档级别的。尽管 Ziegler 和 Goswami ［ ZIE 05 ］ 在词级别和子词级别上讨论了语言学习的最佳粒度，但最新发现的事实是，自 19 世纪 60 年代以来，人类的理解能力一直是下降的，表明在跨词的语义集成级别上的讨论是非常有必要的。

10.7　致谢

"Deutsche Forschungsgemeinschaft"（ MJH; HO 5139/2-1 ）、德国科学文献知识发现教育研究院项目（German Institute for Educational Research in the Knowledge Discovery in Scientific Literature（SR）program）和洛依数字人文科学中心（LOEWE Center for Digital Humanities（CB））支持了本项工作。

10.8　参考文献

[BAA 95] BAAYEN H.R., PIEPENBROCK R., GULIKERS L., The CELEX Lexical Database. Release 2 (CD-ROM), LDC, University of Pennsylvania, Philadelphia, 1995.

[BAN 01] BANKO M., BRILL E., "Scaling to very very large corpora for natural language disambiguation", *Proceedings of ACL '01*, Toulouse, pp. 26–33, 2001.

[BAR 07] BARBER H.A., KUTAS M., "Interplay between computational models and cognitive electrophysiology in visual word recognition", *Brain Research Reviews*, vol. 53, no. 1, pp. 98–123, 2007.

[BEN 03] BENGIO Y., DUCHARME R., VINCENT P. *et al.*, "A neural probabilistic language model", *Journal of Machine Learning Research*, vol. 3, no. 6, pp. 1137–1155, 2003.

[BIE 12] BIEMANN C., ROOS S., WEIHE K., "Quantifying semantics using complex network analysis", *Proceedings of COLING 2012*, Mumbai, pp. 263–278, 2012.

[BIE 15] BIEMANN C., REMUS S., HOFMANN M.J., "Predicting word 'predictability' in cloze completion, electroencephalographic and eye movement data", *Proceedings of the 12th International Workshop on Natural Language Processing and Cognitive Science*, Krakow, pp. 83–94, 2015.

[BLE 03] BLEI D.M., NG A.Y., JORDAN M.I. "Latent Dirichlet Allocation", *Journal of Machine Learning Research*, vol. 3, pp. 993–1022, 2003.

[BLO 80] BLOOM P.A., FISCHLER I., "Completion norms for 329 sentence contexts", *Memory & cognition*, vol. 8, no. 6, pp. 631–642, 1980.

[BUL 07] BULLINARIA J.A., LEVY J.P., "Extracting semantic representations from word co-occurrence statistics: a computational study", *Behavior Research Methods*, vol. 39, no. 3, pp. 510–526, 2007.

[BRY 11] BRYSBAERT M., BUCHMEIER M., CONRAD M. *et al.*, "A review of recent developments and implications for the choice of frequency estimates in German", *Experimental psychology*, vol. 58, pp. 412–424, 2011.

[COO 10] COOLICAN H., *Research Methods and Statistics in Psychology*, Hodder & Stoughton, London, 2010.

[DAM 06] DAMBACHER M., KLIEGL R., HOFMANN M.J. *et al.*, "Frequency and predictability effects on event-related potentials during reading", *Brain Research*, vol. 1084, no. 1, pp. 89–103, 2006.

[DAM 07] DAMBACHER M., KLIEGL R., "Synchronizing timelines: relations between fixation durations and N400 amplitudes during sentence reading", *Brain research*, vol. 1155, pp. 147–162, 2007.

[DAM 09] DAMBACHER M., *Bottom-up and Top-down Processes in Reading*, Potsdam University Press, Potsdam, 2009.

[ELM 90] ELMAN J.L., "Finding structure in time," *Cognitive Science*, vol. 211, pp. 1–28, 1990.

[ENG 05] ENGBERT R., NUTHMANN A., RICHTER E.M. *et al.*, "SWIFT: a dynamical model of saccade generation during reading", *Psychological Review*, vol. 112, no. 4, pp. 777–813, 2005.

[GAM 16] GAMALLO P., "Comparing explicit and predictive distributional semantic models endowed with syntactic contexts," *Language Resources and Evaluation*, pp. 1–17, doi:10.1007/s10579-016-9357-4, 2016.

[GOL 12] GOLDHAHN D., ECKART T., QUASTHOFF U., "Building large monolingual dictionaries at the Leipzig Corpora Collection: From 100 to 200 languages", *Proceedings of LREC 2012*, Istanbul, pp. 759–765, 2012.

[GRI 07] GRIFFITHS T.L., STEYVERS M., TENENBAUM J.B., "Topics in semantic representation", *Psychological Review*, vol. 114, no. 2, pp. 211–244, 2007.

[HOF 14] HOFMANN M.J., JACOBS A.M., "Interactive activation and competition models and semantic context: from behavioral to brain data", *Neuroscience &*

Biobehavioral Reviews, vol 46, pp. 85–104, 2014.

[HOF 08] HOFMANN M.J., TAMM S., BRAUN M.M. *et al.*, "Conflict monitoring engages the mediofrontal cortex during nonword processing", *Neuroreport*, vol. 19, no. 1, pp. 25–29, 2008.

[KLI 04] KLIEGL R., GRABNER E., ROLFS M. *et al.*, "Length, frequency, and predictability effects of words on eye movements in reading", *European Journal of Cognitive Psychology*, vol. 16, no. 12, pp. 262–284, 2004.

[KNE 95] KNESER R., NEY H., "Improved backing-off for m-gram language modeling", *Proceedings of IEEE Int'l Conference on Acoustics, Speech and Signal Processing*, Detroit, pp. 181–184, 1995.

[KUT 11] KUTAS M., FEDERMEIER K.D., "Thirty years and counting: finding meaning in the N400 component of the event-related brain potential (ERP)", *Annual Review of Psychology*, vol. 62, pp. 621–647, 2011.

[KUT 84] KUTAS M., HILLYARD S.A., "Brain potentials during reading reflect word expectancy and semantic association", *Nature*, vol. 307, no. 5947, pp. 161–163, 1984.

[LAN 97] LANDAUER T.K., DUMAIS S.T., "A solution to Plato's problem: the latent semantic analysis theory of acquisition, induction, and representation of knowledge", *Psychological Review*, vol. 104, no. 2, pp. 211–240, 1997.

[MAN 99] MANNING C.D., SCHÜTZE H., *Foundations of Statistical Natural Language Processing*, MIT Press, Cambridge, 1999.

[MAR 71] MARR D., "Simple memory: a theory", *Philosophical transactions of the Royal Society of London. Series B, Biological sciences*, vol. 262, no. 841, pp. 23–81, 1971.

[MCC 81] MCCLELLAND J.L., RUMELHART D.E., "An interactive activation model of context effects in letter perception: part 1", *Psychological Review*, vol. 5, pp. 375–407, 1981.

[MIK 12] MIKOLOV T., Statistical language models based on neural networks, PhD Thesis, Brno University of Technology, 2012.

[MIK 13] MIKOLOV T., YIH W., ZWEIG G., "Linguistic regularities in continuous space word representations", *Proceedings of NAACL-HLT*, Atlanta, pp. 746–751, 2013.

[NOR 03] NORMAN K.A., O'REILLY R.C., "Modeling hippocampal and neocortical contributions to recognition memory: a complementary-learning-systems approach", *Psychological Review*, vol. 110, no. 4, pp. 611–646, 2003.

[PER 10] PERRY C., ZIEGLER J.C., ZORZI M., "Beyond single syllables: large-scale modeling of reading aloud with the Connectionist Dual Process (CDP++) model", *Cognitive Psychology*, vol. 61, no. 2, pp. 106–151, 2010.

[PHA 07] PHAN X.-H., NGUYEN C.-T., "GibbsLDA++: A C/C++ Implementation of Latent Dirichlet Allocation (LDA)", available at: http://gibbslda.sourceforge.net/, 2007.

[RAD 12] RADACH R., GÜNTHER T., HUESTEGGE L., "Blickbewegungen beim Lesen, Leseentwicklung und Legasthenie", *Lernen und Lernstoerungen*, vol. 1, no. 3, pp. 185–204, 2012.

[REI 03] REICHLE E.D., RAYNER K., POLLATSEK A., "The E-Z reader model of eye-movement control in reading: comparisons to other models", *The Behavioral and*

Brain Sciences, vol. 26, no. 4, pp. 445–476, 2003.

[SPI 16] SPICHTIG A., HIEBERT H., VORSTIUS C. *et al.*, "The decline of comprehension-based silent reading efficiency in the U.S.: a comparison of current data with performance in 1960", *Reading Research Quarterly*, vol. 51, no. 2, pp. 239–259, 2016.

[SPI 97] SPIELER D.H., BALOTA D.A., "Bringing computational models of word naming down to the item level", *Psychological Science*, vol. 8, no. 6, pp. 411–416, 1997.

[TAY 53] TAYLOR W.L., "'Cloze' procedure: a new tool for measuring readability", *Journalism Quarterly*, vol. 30, p. 415, 1953.

[ZIE 05] ZIEGLER J.C., GOSWAMI U., "Reading acquisition, developmental dyslexia, and skilled reading across languages : a psycholinguistic grain size theory", *Psychological Bulletin*, vol. 131, no. 1, pp. 3–29, 2005.

术 语 表